*„Die Überwindung der
Armut ist keine Aufgabe der
Nächstenliebe, sondern ein
Akt der Gerechtigkeit.
Wie die Sklaverei und
die Apartheid ist auch die
Armut nicht natürlich.
Sie ist menschengemacht
und kann durch das Handeln
der Menschen beseitigt und
überwunden werden."*

Nelson Mandela

Rommel C. Arnado
Bernward Geier

Frieden schaffen mit Biolandbau

Titel der Orginalausgabe:
„Building a Bastion of Peace“.
Erstmals veröffentlicht auf den Philippinen im Jahr 2023

Autoren
Rommel C. Arnado
Bernward Geier

Redaktion der Originalausgabe „Building a Bastion of Peace":
Gigie R. Arcilla, Harold E. Clavite
Lonorhata Sweet T. Lucman, Caleb M. Galaraga
Pocholo M. Concepcion
Redaktion der deutschen Ausgabe:
Bernward Geier & Fritz Lietsch

Bildnachweis: Die Bildrechte liegen bei der From Arms to Farm Stiftung
Cover: © victor cuenca lopez@stock.adobe.com

Buchlayout und Gestaltung: Dagmar Rogge
Übersetzung: Laura Spies
Lektorat / Korrektorat: Vera Schilffarth

Druckerei: Scandinavian Books
ISBN 978-3-925646-73-7
Herausgegeben von ALTOP Verlag – forum Nachhaltig Wirtschaften
www.forum-csr.net

Das Buch ist erhältlich im Buchhandel und direkt beim Verlag unter
www.forum-csr.net

Aktuelle Hinweise zur „From Arms to Farms"-Stiftung und deren Aktivität:
www.rommelontour.org

INHALT

Für meinen Enkel,
Jalen Patrick Rommel Arnado Ong

Rommel C. Arnado

Für alle Bauern und Bäuerinnen,
die durch kriegerische Gewalt
ums Leben kamen.
Für alle Soldaten, die Gewehrkugeln
mit Saatgut tauschten.

Bernward Geier

DER FRIEDENSSTIFTER

„I don't want that you
surrender your arms,
I want that you
surrender your hearts."

„Ich möchte nicht,
dass ihr eure Waffen abgebt,
sondern dass ihr
eure Herzen öffnet."

Mayor
Rommel C. Arnado*

*Viele, die Rommel C. Arnados Namen zum ersten Mal hören oder lesen, stutzen und fragen sich, wie es kommt, dass ein Mensch auf den Philippinen Rommel heißt, weil sie automatisch an den Nazi-General Erwin Rommel denken müssen. In der Tat geht der Vorname von Rommel auf diesen Kriegsherrn zurück. Erwin Rommel kämpfte für die Wehrmacht und das Deutsche Reich in Afrika, was auch seinen Spitznamen „Wüstenfuchs" erklärt. Er war zunächst sehr erfolgreich und neutral betrachtet ein brillanter Militär. Was ihn besonders auszeichnete, war die hohe Anerkennung seiner Kriegs"kunst", die auch bei seinen Feinden Bewunderung hervorrief. Zu Lebenszeiten von Rommel C. Arnados Großvater waren die Philippinen quasi Kolonie der USA, die dieses riesige Inselreich von den spanischen Kolonialisten abgekauft hatten. So bekam auch er die „Glanztaten" von Erwin Rommel nicht nur mit, sondern ließ sich wie viele andere davon beeindrucken. Deshalb bat er seinen Sohn, den Enkelsohn mit Vornamen Rommel zu nennen. Ich finde es eine interessante Ironie des Schicksals, dass ein Friedensstifter wie der Bürgermeister von Kauswagan als Vornamen den Nachnamen eines Kriegers trägt. Rommel Arnado hat mit seinem Namen kein Problem und deshalb auch nie daran gedacht, ihn gegen seinen zweiten Vornamen zu tauschen.

VORAUSGESCHICKT

Von Bernward Geier

Ich bin seit über einem halben Jahrhundert Pazifist. Die Wurzeln dafür liegen bei meinem Großvater Eduard, der im ersten Weltkrieg auf dem im wahrsten Sinne des Wortes „Schlachtfeld“ von Verdun von der eigenen Infanterie schwer verletzt wurde und mit seinem danach steifen Arm nicht mehr Bauer sein konnte. Seiner Kompanie wurde von den eigenen Kameraden in den Rücken geschossen, weil sie zum x-ten Mal einen Hügel wieder zurückerobern sollten, bei dem letztendlich viele tausend Soldaten ihr Leben ließen. Mein Vater Erwin Johannes musste als Theologiestudent im zweiten Weltkrieg eigentlich nicht Soldat werden, aber am Schluss hat es ihn doch erwischt und dies, nachdem seine beiden Brüder innerhalb von ein paar Monaten in Russland „gefallen“ (zu Tode gekommen) waren. Er kam als Pazifist aus dem Krieg zurück und engagierte sich als „glühender Europäer“ unter anderem sehr in der deutsch-französischen Versöhnung. Das Schicksal von Großvater und Vater kam zusammen, als mein Vater mich als 13-Jährigen in ein Sommerlager bei Verdun mitnahm, wo Jugendliche Kriegsgräber pflegten. Beim Besuch des Horror-DENK(?)mals Fort Douaumont mit seinen Schädel- und Knochenkammern schwor ich mir, nie eine Waffe in die Hand zu nehmen beziehungsweise mich nie zum Töten ausbilden zu lassen. Stattdessen engagierte ich mich schon als sehr junger Mensch in einer regionalen, pazifistischen Organisation, wo ich mich auch zum Berater für Kriegsdienstverweigerer ausbilden ließ. Bei dem unsäglichen Gerichtsverfahren zur Überprüfung meines eigenen Kriegsdienstverweigerungsantrages beziehungsweise der Unmöglichkeit, mein Gewissen zu überprüfen, bin ich trotzdem in erster Instanz abgelehnt worden, weil ich den Richter (Angestellter der Bundeswehr!) als Faschist entlarvte und auch so benannte …

Rommel, der Friedenskämpfer

Je mehr ich mich mit der Arbeit von Rommel C. Arnado und seinem Programm „From Arms to Farms“ beschäftigte, umso klarer wurde mir, dass die Erfolgsstory von Kauswagan derzeit wohl das weltweit spannendste Projekt des biologischen/ökologischen* Landbaus ist. Vermutlich gilt das auch für die Friedensbewegung im Hinblick auf die durchaus zahlreichen Erfolgsgeschichten, wobei das Friedenschaffen in Kauswagan sowohl vom strategischen Ansatz als auch von der Einbindung der ökologischen Landwirtschaft her seinesgleichen sucht und derzeit so wohl nirgends zu finden ist.

From Arms to Farms

Mit meinen intensiven Recherchen und bisherigen publizistischen Aktivitäten zu Rommel und der Kauswagan-Story dachte ich, schon viel über das Projekt zu wissen. Das war eigentlich auch richtig, aber die recht kurzfristige Chance eines Besuches in Kauswagan im April 2024 erweiterte mein Wissen und vor allem auch meinen Horizont enorm. Was ich vor Ort erlebte und erfuhr, machte mir noch klarer, welch spannendes Projekt „From Arms to Farms" ist und welch inspirierende Persönlichkeit Rommel Arnado ist. Was ich im Einzelnen sehen und erleben durfte, empfinde ich als großes Privileg und es ist eine enorm Mut machende und motivierende Kraftquelle, mein Engagement für Ökologie, biologische Landwirtschaft und Pazifismus noch mehr zu steigern.

Eine besonders erfreuliche Erkenntnis vor Ort war, dass die Früchte des Erfolgs weit über das nun friedliche Kauswagan und die Erfolge des biologischen Landbaus und damit der Hunger- und Armutsbekämpfung hinausgehen: Vorbildlicher Naturschutz der Mangrovenküste und des Ozeanbiotops in der Bucht, aber auch das zupackende und solidarische Engagement der Bevölkerung sind absolut beispielhaft. Als ich am Ende meiner leider viel zu kurzen Reise das autobiographische Buch von Rommel Arnado geschenkt bekam, beschloss ich, es ins Deutsche zu übersetzen und um meinen Reisebericht zu ergänzen.

Ich habe damit eine neue und positiv herausfordernde Möglichkeit gefunden, (m)einen Beitrag zu leisten, dass das Beispiel von Kauswagan und des Friedensmachers Rommel weltweit bekannt wird, und wichtiger noch: „Schule macht". Allzumal in einer Zeit, wo weltweit etwa 30 Kriege stattfinden und wir von den meisten keine Kenntnis haben beziehungsweise sie quasi vergessen haben (z.B. im Sudan und im Jemen).

Neben der Herausgabe dieses Buches ist ein noch größeres und sehr ambitioniertes Projekt, einen spannenden Dokumentarfilm und dies möglichst mit internationaler Produktion zu Kauswagan zu machen, denn Film ist meines Erachtens das beste Medium, eine so spannende Geschichte zu erzählen, Mut zu machen und zu motivieren, die Erfahrungen von Kauswagan zu nutzen, um das große und gewiss langfristige Ziel von weltweitem Frieden und 100 Prozent biologischer Landwirtschaft zu erreichen. Dass beides geht, zeigen Rommel und Kauswagan. Die Stadt und seine Dörfer sind eine Insel des Friedens und 100 Prozent „Bio".

Vor Ort begeistert und beeindruckt

Meine gesammelten Erfahrungen und eine detaillierte Reflexion zu dem Erlebten auf dieser Reise habe ich in einem Kapitel am Ende des Buches zusammengetragen. Um zu verstehen, warum Rommel das schaffen konnte, was er erreichte, ist es gut, dass er uns mit diesem Buch an seinem Leben und Werdegang so anschaulich teilhaben lässt. Bei all dem steht sein Streben im Mittelpunkt zu zeigen, dass „Good Governance" (gute Regierungsführung) auch in Krisengebieten möglich und äußerst erfolgreich sein kann. Sein gesunder Menschenverstand und seine Intelligenz zeigen sich sehr gut am Beispiel, wie er die tatsächlichen Ursachen des kriegerischen Konfliktes analysierte und entsprechend Konsequenzen daraus ableitete. Für mich kommt seine visionäre Strahlkraft in folgendem Zitat am besten zum Ausdruck: „I don't want you to surrender your arms, but to surrender your hearts." Ich muss gestehen, dass ich bei diesem Satz erst einmal als Hardcore-Pazifist hängenblieb und schlucken musste. Wir kämpfen in der Friedensbewegung seit Jahrzehnten mit dem Slogan „Frieden schaffen o h n e Waffen" und nun kommt Rommel daher und sagt, „ich verlange von euch gar nicht, eure Waffen niederzulegen". Für die (Ex-)Rebellen sind die Waffen so etwas wie eine Rückversicherung, falls sie wieder massiven Unterdrückungen und politischer Inkompetenz ausgesetzt würden. Entscheidend in diesem Satz ist deswegen der zweite Teil, denn wenn Krieger ihre Herzen versöhnend ihrem Feind gegenüber öffnen, geht die Grundvoraussetzung für kriegerische Gewalt verloren. Um unsere natürliche Hemmschwelle des Tötens zu überwinden, braucht es Hass und deshalb muss am Anfang das Überwinden von Hass und in der Konsequenz die Offenheit für Versöhnung stehen.

Ein Beispiel für Versöhnung

Der auch von seinem christlichen Glauben geprägte und bei seinem Engagement geleitete Rommel wird von der biblischen Aufforderung „Schwerter zu Pflugscharen schmieden" perfekt bestätigt. Dazu kommt die Inspiration durch die Bergpredigt. In Kauswagan wurden zwar nicht Schwerter zu Pflugscharen geschmiedet, aber Gewehre mit Spaten und Hacken getauscht und Gewehrkugeln mit biologischem Saatgut. Ich kann mir keine bessere Synergie vorstellen, als durch die Lösung einer ökologischen Krise gleichzeitig eine gewaltexzessive Armuts- und Hungerkrise anzugehen – oder auch umgekehrt.

Bei dem Beispiel von Kauswagan geht es nicht darum, dies weltweit eins zu eins zu übertragen. Sicherlich ist der biologische Landbau ein entscheidender Weg, um Frieden zu schaffen, aber prinzipiell bietet das Konzept und die Zielsetzung von „From Arms to Farms" weltweit eine Inspiration, endlich kriegerische Gewalt fundamental zu ächten und zu stoppen. Dabei können, sollten und, wie ich meine, müssen wir alle uns in der Kunst des Friedenschmiedens üben, denn es gilt:

„Frieden hat man nicht, sondern man muss ihn sich erschaffen und manchmal erkämpfen – gewaltfrei!"

Werden Sie Teil von Rommels Friedensmission

Ich hoffe, dass mein Engagement für Rommel und die „From Arms to Farms"-Stiftung mithilft, weltweit Frieden zu schaffen. Für diese Aufgabe braucht es auch finanzielle Mittel. Deshalb habe ich in Abstimmung mit Rommel zur Unterstützung seiner Stiftung „From Arms to Farms" einen gemeinnützigen Fond bei der GLS Bank eingerichtet. Zum finanziellen Start dieses Fonds haben der Verleger, Fritz Lietsch, und ich vereinbart, dass wir dieses Buchprojekt ohne Profitinteressen umsetzen, was wiederum erlaubt, dass 1/3 vom Verkaufserlös (5 Euro) direkt und ohne Abzüge dem Fond zur Verfügung stehen. Natürlich kann man die Arbeit von Rommel auch durch größere Spenden unterstützen und dabei das Finanzamt „kofinanzieren" lassen, denn nennenswerte Spenden sind steuerabzugsfähig. Aktuelle Informationen und Näheres zu den Spendenmöglichkeiten finden sich auf der neu eingerichteten Webpage in deutscher Sprache: *www.rommelontour.org*

Zwei Friedensaktivisten im Gespräch: Bernward Geier und Rommel Arnado

VORWORT

Von Rommel C. Arnado

In diesem Buch geht es um die Geschichte meines Lebens. Es mag eine mühsame Aufgabe sein, die Ehrlichkeit und Reflexion erfordert, aber die Bereitschaft, meine Lebensgeschichte mit der Welt zu teilen, ist herangereift.

Ich sehe es als Gelegenheit, über die Höhen und Tiefen, die Triumphe und Misserfolge, die Liebe und den Herzschmerz, das Wachstum und die Selbstentdeckung und vor allem über die Menschen und Erfahrungen nachzudenken, die mich zu dem gemacht haben, der ich heute bin.

Dabei lasse ich mich von dem amerikanischen Essayisten und Philosophen Ralph Waldo Emerson inspirieren, der sagte: „Das Leben ist eine Reise, kein Ziel."

Diese Erkenntnis hat mich tief berührt, denn ich habe erkannt, dass das Wesentliche im Leben nicht darin besteht, ein bestimmtes Ziel zu erreichen, sondern in den Erfahrungen, die wir auf dem Weg dorthin machen.

Ich kam mit einer Faszination in diese Welt, umgeben von einer Vielzahl an Möglichkeiten und grenzenlosem Potenzial. Schon als Kind liebte ich die Schönheit und die Handlungsspielräume der Natur und die Feinheiten des menschlichen Lebens. Auch als ich heranwuchs, war mein Lern- und Entdeckungsdrang ungebremst und trieb mich dazu, die Welt mit anhaltendem Staunen zu erkunden.

Ich bin in einer kleinen Stadt auf dem Lande in Mindanao geboren und aufgewachsen, wo meine Kindheit mit einfachen Freuden wie Spielen im Freien mit Freunden und Familie erfüllt war und ich zugleich von meinen Eltern lernte, wie wichtig harte Arbeit war. Als ich jedoch älter wurde, wuchs mein Hunger nach Wissen über die Welt jenseits meiner Stadt hinaus und ich begann mit Erkundungen außerhalb meiner kleinen Gemeinde.

Im Laufe meines Lebens bin ich an verschiedene Orte gereist, sowohl physisch als auch emotional, und habe Höhen und Tiefen erlebt – alles integrale Bestandteile des Lebens.

Ich bin unzähligen Hindernissen und Herausforderungen begegnet und durch sie robuster und widerstandsfähiger geworden. Ich habe herausgefunden, wie ich die Härten, die mit Fortschritt und Veränderung einhergehen, willkommen heiße, und strebe ständig danach, die beste Version meiner selbst zu werden.

So ist dieses Buch die Geschichte meiner Reise, mit Triumphen und Rückschlägen. Es unterstreicht den unbezwingbaren menschlichen Geist und die unendlichen Fähigkeiten, die wir besitzen. Ich lade Sie ein, mich auf dieser Reise zu begleiten, während ich von meinen Erfahrungen und den wertvollen Erkenntnissen, die ich daraus gewonnen habe, erzähle.

Hier geht es nicht nur um mich, sondern auch um die Menschen, die mich beeinflusst haben, um die gemeinsamen Erfahrungen, die mich geprägt haben, und um die Lektionen, die mir auf meinem Weg begegnet sind.

Ich hoffe, dass ich mit meiner Geschichte andere dazu inspirieren kann, ihren eigenen Weg zu gehen, mit allen Höhen und Tiefen, die dieser mit sich bringt. Ich hoffe, dass meine Geschichte eine Erinnerung daran ist, dass wir, egal welche Hindernisse uns im Weg stehen, die Kraft und das Durchhaltevermögen haben, sie zu überwinden. Meine Geschichte ist auch eine Erinnerung daran, dass es selbst in den dunkelsten Zeiten immer Hoffnung gibt und dass mit Ausdauer, Hingabe und ein bisschen Glück alles möglich ist.

Auf den Seiten dieses Buches erzähle ich von den Momenten, die mich geprägt haben – sowohl von den guten als auch von den schlechten. Ich schreibe über die Herausforderungen, denen ich mich gestellt habe, über die Lektionen, die ich gelernt habe, und über die Menschen, die mein Leben geprägt haben. Ich schreibe auch über die Momente der Freude und des Triumphs, die das alles lohnenswert gemacht haben.

Abschließend möchte ich all jenen meine Wertschätzung aussprechen, die mich auf meiner Reise begleitet haben – meinen Wählern, Kollegen, Angehörigen, Freunden, Beratern und allen, die mir im Laufe meines Lebens Vertrauen entgegengebracht haben. Ohne ihre Führung, Zusammenarbeit und Motivation wäre ich nicht dort, wo ich heute bin.

***„Danke, dass Sie
Teil meiner Reise waren."***

Das Leben ist ein ständiger Prozess – ebenso wie die Entwicklung von Kauswagan, das viele Jahre lang von bewaffneter Gewalt leidgeprüft war, die aus dem Konflikt zwischen der Regierung und den Sezessionisten herrührte. Im Laufe meiner Zeit als Ortsvorsteher von Kauswagan habe ich den Mut und die Kraft gefunden, den Traum aller Menschen von Frieden und Entwicklung zu verfolgen, egal wie schwierig der Weg auch erscheinen mag.

Ich kann all denen nicht genug danken, die an dieser Reise mitgewirkt haben. Ohne die unerschütterliche Unterstützung durch kommunale und institutionelle Partner auf nationaler und lokaler Ebene, ohne globale Partnerschaften hätte unsere Mission nicht erfolgreich sein können. Unser großer Plan und unsere Bemühungen wurden durch die selbstlosen Beiträge vieler Beteiligter inmitten aller Ungewissheiten und Verwirrungen, vor allem in den Anfangsjahren, gefestigt. Meine Kolleginnen und Kollegen im öffentlichen Dienst – gewählte Kolleginnen und Kollegen und die Männer und Frauen, aus denen sich die Belegschaft der Kommunalverwaltung von Kauswagan zusammensetzt – haben mir durch dick und dünn beigestanden. Trotz politischer Meinungsverschiedenheiten und organisatorischer Herausforderungen besteht unser unerschütterliches Team aus fleißigen öffentlichen Bediensteten, die sich voll und ganz in den Dienst der Menschen von Kauswagan stellen.

Darüber hinaus haben unsere Schlüsselfiguren in der Gemeindeentwicklung maßgeblich zu unserem Erfolg beigetragen: Die Gemeindevorsteher in allen 13 Barangays (Dörfern) von Kauswagan, deren Engagement und Entschlossenheit, wirtschaftliche Fortschritte zu erzielen, phänomenal waren, sind weiterhin die unermüdliche Kraft, die uns hilft, unsere Agenda für nachhaltige Entwicklung voranzutreiben.

Zwei prominente Führer der Moro Islamic Liberation Front (MILF) verdienen meine besondere Anerkennung für ihre Entscheidung, in den Schoß der Regierung zurückzukehren und eine Schlüsselrolle bei der Förderung von Frieden und Entwicklung in Lanao del Norte zu spielen. Mit ihrem Mut und ihrem Engagement für den Frieden haben sie das Leben der Einwohner Kauswagans maßgeblich beeinflusst.

Ihr Weg war nicht einfach, aber ihre Entscheidung, ein Leben voller Konflikte und Gewalt hinter sich zu lassen und an einer besseren Zukunft für die Gemeinschaft zu arbeiten, ist lobenswert. Ehemals Kriegskinder und hitzige MILF-Führer, sind sie nun unschätzbare Helfer bei der positiven Veränderung von Kauswagan – ein Beweis für die Kraft des Wandels und die Resilienz des menschlichen Geistes.

Der Abgeordnete der Bangsamoro Transition Authority, Abdullah Macapaar, früher bekannt als „Kumander Bravo", und der stellvertretende Bürgermeister der Stadt Munai, Abdulazis Batingolo, früher bekannt als „Kumander Dante", gehen mit gutem Beispiel voran und inspirieren Tausende von MILF-Mitgliedern, in ihre Fußstapfen zu treten.

Ihr Engagement, ihre harte Arbeit und ihr Einsatz für unseren Fahrplan zum Frieden mit der Bezeichnung „Sustainable Integrated Kauswagan Area Development and Peace Agenda" (SIKAD PA) geben vielen Menschen, die von Konflikten und Gewalt betroffen sind, Hoffnung.

„Dank der Initiative von Bürgermeister Rommel Arnado kehrten die Rebellen nicht in die Berge zurück und stellten den Kampf gegen die Regierung ein. Die Hoffnungen, die sich in den Verhandlungen zuvor nicht erfüllten, wurden von Bürgermeister Arnado durch sein Programm ‚Von den Waffen zu den Bauernhöfen' (From Arms to Farms) fortgesetzt. Und deshalb sage ich immer, dass Bürgermeister Arnado der Retter der Regierung und des Volkes ist."

Abdulazis „Kumander Dante" Batingolo, stellvertretender Bürgermeister der Stadt Munai, Lanao del Norte; ehemaliger Kommandeur der Moro Islamic Liberation Front (MILF)

„Muslime und Christen hier sind jetzt glücklich und führen ein gutes Leben dank der Führung von Bürgermeister Arnado. Dank ihm gibt es keine Konflikte mehr. Ich werde seine Selbstlosigkeit nicht vergessen – er hilft nicht aus Eigennutz, sondern für Frieden und Entwicklung.

An die Einwohner von Kauswagan: Habt keine Angst mehr vor mir. Ich bin Teil der Regierung, ich werde einen Weg finden, um unseren Gemeinden zu helfen. Ich unterstütze Bürgermeister Arnado voll und ganz und hoffe, dass seine Programme weitergeführt werden und er Bürgermeister bleibt.

Herr Bürgermeister, ich weiß, was früher passiert ist, und ich hoffe, dass es nie wieder passiert. Sie sind unsere Mutter und unser Vater hier in der Region. Mit Ihnen als Bürgermeister und Ihren Kollegen in der Kommunalverwaltung stehen wir Ihnen aufrichtig zur Seite. Muslime sollten nicht diskriminiert werden. Muslime und Christen sind gleichberechtigt, und das ist es, was der Islam verfolgt."

Abdullah Goldiano „Kumander Bravo" Macapaar, Mitglied des Parlaments, Bangsamoro Transition Authority, Autonome Region Bangsamoro in Muslim Mindanao; ehemaliger Kommandeur der Moro Islamic Liberation Front (MILF)

DIE GESCHICHTE VON KAUSWAGAN

Wir haben uns nicht nur verändert – wir haben uns komplett verwandelt. Durch mehr als ein Jahrzehnt harter Arbeit und des Engagements unserer Mitarbeiter, unserer Führungskräfte, unserer Partner und durch Gottes Gnade haben wir ein Wunder bewirkt. Ein Wunder, das das Leben der Menschen hier verändert hat.

In diesem Jahr haben wir auch einen Bildband mit dem Titel „A Tale of Transmogrification: The Kauswagan Story" (dt.: „Eine Erzählung der Verwandlung: Die Kauswagan-Geschichte") veröffentlicht, mit dem wir die Öffentlichkeit über den inspirierenden Wandel in unserem Ort informieren können. Wir wollten unsere Geschichte teilen und zeigen, was wir unternommen haben, um unserem Volk zu helfen. Wir hoffen, dass unsere Kinder und die neue Generation durch unsere Arbeit von nachhaltigem Frieden, Gleichheit und sozialem Fortschritt profitieren werden. Wir haben mehrere Jahre gebraucht, um dorthin zu gelangen, wo wir jetzt stehen, und wir wissen, dass dies erst der Anfang ist. Wir hoffen, dass noch mehr Menschen sich uns anschließen und sich dafür einsetzen, dass das Leben für unsere Familien und unsere Gemeinschaften erhalten bleibt.

Als ich 2007 nach einem mehrjährigen Aufenthalt in den Vereinigten Staaten nach Kauswagan zurückkehrte, war ich von den Lebensbedingungen der Menschen dort sehr berührt und fühlte mich verpflichtet, mich einzubringen. Mein verstorbener Vater, der frühere Bürgermeister Maximo Arnado sr., war 23 Jahre lang Gemeindevorsteher von Kauswagan, und ich habe gesehen, wie er die Verantwortung übernahm, eine ehrgeizige Entwicklungsagenda für meine Heimatstadt voranzutreiben. Er träumte davon, dass die Einwohner Kauswagans auch in den kommenden Generationen von seinen Bemühungen profitieren würden. Unsere heutige Generation ist Teil dieses Traums. Als niemand sonst Lösungen für die düsteren Bedingungen, mit denen die Menschen damals konfrontiert waren, anbieten konnte, musste ich antreten und traf die Entscheidung, dauerhaft zu bleiben und das Erbe meines Vaters fortzuführen.

Nach den jüngsten Konflikten Anfang der 2000er Jahre sind Hunderte von Familien aus Kauswagan geflohen. Als ich 2010 zum ersten

Mal Bürgermeister wurde, lebten die Menschen in Angst und bangten um ihr Leben. Es herrschte völliges Misstrauen gegenüber der lokalen Regierung und es schien, als hätten viele unserer Einwohner die Hoffnung aufgegeben und lebten ein trostloses Leben. Damals hatte ich so viele Fragen: Wie können wir Frieden, Ordnung und Harmonie wiederherstellen? Wie stellen wir sie wieder her, wenn sie so sehr infrage gestellt sind? Gibt es Hoffnung, aus diesem Elend herauszukommen?

Mit einem neuen Team im Schlepptau begann ich, in kleinen Schritten zu versuchen, das Vertrauen in die lokale Verwaltung wiederherzustellen, indem ich den Menschen und Gemeinschaften ihre Würde zurückgab und das Vertrauen in ein funktionierendes Regierungssystem wiederherstellte. Das war kein leichtes Unterfangen, und wir sind immer noch nicht am Ziel angelangt. Um einen Wandel herbeizuführen, mussten wir zuerst eine Vision und eine Strategie entwickeln, die spezifische Maßnahmen und eine Agenda zur Befriedigung grundlegender Bedürfnisse vorantreibt. Während wir entscheidende Schritte zur Verbesserung der politischen Strategien und der Entwicklungsagenda insgesamt unternahmen, war unser Ziel stets die Wiederherstellung von Frieden, Sicherheit und sozioökonomischen Bedingungen.

Durch eine Reihe von Konsultationen, Recherchen und Diskussionen mit führenden Vertretern der Gemeinde, externen Partnern und anderen Interessengruppen haben wir eine große Vision entwickelt, die in der Agenda für nachhaltige und integrierte Entwicklung und Frieden in der Kauswagan-Region (Sustainable and Integrated Kauswagan Area Development and Peace Agenda), SIKAD PA, verankert ist, was so viel bedeutet wie „sich mehr bemühen". Und dies ist unser Schlachtruf geworden. Diese Agenda wurde zu einem Instrument zur Zusammenführung der Beteiligten: der betroffenen Gemeinschaften, der breiten Öffentlichkeit und der privaten Institutionen. Wir haben integrative Maßnahmen insbesondere in den ärmsten unter den armen Gemeinden umgesetzt. Dadurch erhielten die Menschen die Möglichkeit, sich Gehör zu verschaffen, was den Weg zur Verbesserung der Lebensqualität ebnete. In unserer Entwicklungsagenda setzten wir uns für Gleichberechtigung der Privilegien ein, so dass alle Dörfer, die sogenannten Barangays, einschließlich der entlegensten, gleichermaßen von den kommunalen Ressourcen profitierten.

Die SIKAD PA hat das „From Arms to Farms“-Programm ins Leben gerufen, das uns den Plan für eine verstärkte nachhaltige Landwirtschaft und Maßnahmen zur Ernährungssicherung lieferte. Wir glauben, dass in Kauswagan wirklich ein Wunder geschehen ist. Dank der Unterstützung von Schlüsselpersonen, die uns bei jedem Schritt des Weges begleiteten, und der Zusammenarbeit mit Partnern, Gemeindeleitern, Gemeindeangestellten und -beamten sowie den Bewohnern von Kauswagan haben wir mehr erreicht, als wir uns erhofft hatten.

Der starke Wandel in unseren Gemeinden ist ein klarer Beweis für einen beispiellosen Erfolg. Wir verzeichneten einen dramatischen Rückgang der Armutsquote von 69,60 Prozent im Jahr 2009 auf 9,10 Prozent im Jahr 2019, wie die Daten des gemeindebasierten Kontrollsystems belegen, das vom Ministerium für Inneres und Kommunales der nationalen Regierung organisiert wurde.

Unsere Initiativen zur Friedenskonsolidierung und nachhaltigen Entwicklung überwanden Generationenschranken und brachten die Führer der Gemeinden und die Menschen zusammen, um gemeinsam für Gleichheit, Stabilität und Ernährungssicherheit zu sorgen. Unsere Konzentration auf Frieden, Armutsbeseitigung und Hungerbekämpfung führte zu überzeugenden Ergebnissen bei den massiven Wiedereingliederungsbemühungen ehemaliger Kämpfer in unsere Gemeinschaften. Damit haben wir das Fundament für eine neue Kultur gelegt, die dauerhaften Frieden und Einigkeit unter unserem Volk verspricht. Die Symbolik der Stärke, der Resilienz und des Wandels, für die das Motto „From Arms to Farms“ steht, ist das, was jeden Kauswaganer ausmacht.

Auch wenn die durch Krisen, Gleichgültigkeit oder Apathie verursachten Unsicherheiten die Menschen und Gemeinschaften stark beeinträchtigen, sollten sich starke Regierungen und Führungspersönlichkeiten über all dies hinwegsetzen. Hier sind das Festhalten an und das Engagement für eine gute Regierungsführung wirksame Strategien. Eine mutige Führung ist von entscheidender Bedeutung. Ich verpflichte mich, im öffentlichen Dienst treu und stark zu bleiben. Wir werden nicht zögern und in allem, was wir tun, weiterhin nach Spitzenleistungen streben. Um unser Mandat zu erfüllen, werden wir auch weiterhin innovative Lösungen für die vielen Herausforderungen finden, die sich uns stellen.

Mit diesem Buch möchten wir Sie einladen, tiefer in unsere Kämpfe und Erfolge einzutauchen. Wir hoffen, dass Sie von unserer Arbeit lernen und sich von den Erfahrungen unseres Volkes inspirieren lassen. Dies ist eine Erinnerung an unsere Freiheit und unsere Hoffnung, und wir freuen uns, die Geschichte unseres Volkes – die Geschichte von Kauswagan – mit Ihnen zu teilen.

MEINE HOLPRIGE, SPEKTAKULÄRE REISE

Meine Heimatstadt Kauswagan befindet sich im Aufwind. Diese kleine Gemeinde der fünften Einkommensklasse in Lanao del Norte, deren Name auf Visayan „Fortschritt" bedeutet, hat in den letzten Jahren im In- und Ausland viel Lob geerntet.

Im Jahr 2021 nahm ich persönlich an der Preisverleihung teil, die vom Amt für Finanzen der Kommunalverwaltung veranstaltet wurde, um Kauswagan für seine beeindruckende Steuereffizienz von 423,2 Prozent zu ehren. Es war ein stolzer Moment für diese 60,37 Quadratkilometer große Küstenstadt mit rund 24.193 Einwohnern (laut Volkszählung 2020), die damit alle anderen Gemeinden auf den Philippinen übertraf.

Meine realisierte Vision von der Beendigung von Konflikten und der Beseitigung des Hungers durch ökologische Landwirtschaft in Kauswagan war der Hintergrund für die Ausrichtung des 6. Organic Asia Congress mit dem Thema „Building World Peace through Organic Agriculture: Food Security Vital to Peace Building" (dt.: „Den Weltfrieden durch ökologische Landwirtschaft erschaffen: Ernährungssicherheit als Voraussetzung für Friedensstiftung"), der vom 4. bis 10. Juni 2023 stattfand.

Delegierte aus 33 Ländern aus der ganzen Welt und Mitglieder der Liga der Gemeinden, Städte und Provinzen des ökologischen Landbaus auf den Philippinen (LOAMCP Philippines) flogen nach Kauswagan, um an der globalen Veranstaltung teilzunehmen.

Ich empfinde ein Gefühl der Ehre und des Stolzes für meine Heimatstadt, was ehrlich gesagt 1985, als ich meine Koffer packte und Kauswagan in Richtung Vereinigte Staaten verließ, völlig unvorstellbar war.

Es war eine Flucht. Ich wollte weg, denn wenn ich bliebe, wäre es, als würde ich im Treibsand stecken bleiben. Kauswagan war damals so furchterregend.

Aufwachsen mit Unbehagen

Ich wurde am 22. Juli 1957 im nahe gelegenen Iligan City geboren und wuchs mit Unbehagen in Kauswagan auf, wo ich immer das Gefühl hatte, dass die Gewalt gleich um die Ecke lauerte. Ich mochte es nicht, von Polizeibeamten begleitet zu werden, wohin ich auch ging. Ich hatte keine Freiheit, ein persönliches Leben zu führen, denn mein Vater Maximo sr., von Beruf Arzt und geboren in Sogod in der Provinz Cebu, kam gleich nach bestandener ärztlicher Prüfung nach Kauswagan und war von 1963 bis 1978 und erneut von 1979 bis 1986 Bürgermeister der Stadt.

Papa begann in den späten 1950er Jahren mit seiner Hausarztpraxis und versorgte vier Gemeinden in der Provinz Lanao del Norte. Er nahm mich mit, wenn er Patienten in den Städten Bacolod, Maigo, Kolambugan und Linamon behandelte, wo es nur wenige Ärzte gab.

Seine Güte machte ihn beliebt – der Grund, warum die Leute wollten, dass Papa als Bürgermeister kandidierte.

Meine Mutter, Restituta Cagoco, wurde in Tagbilaran auf der Insel Bohol geboren. Obwohl sie einen Bachelor-Abschluss in Pädagogik hatte, entschied sie sich dafür, die Hausfrau meines Vaters zu sein, der als Arzt im öffentlichen Dienst tätig war.

Mein ältester Bruder Maximo jr. ist wie Papa ein Arzt. Er ist derzeit der stellvertretende Bürgermeister von Kauswagan. Auf mich folgt unsere jüngste und einzige Schwester, Ma Christine, eine ehemalige Rundfunkjournalistin, die jetzt als Lehrerin in Kalifornien arbeitet.

Mama war für ihre Bescheidenheit bekannt. Wir aßen normales Essen, wie das unserer Nachbarn – Gemüse und Fisch. Fleisch gab es nur ab und zu. Wir führten ein sehr einfaches Leben. Ich neckte Mama immer, ob wir an den Wochenenden Pancit (Nudeln) essen könnten. Sie sagte dann: „Magastos yan." (dt.: „Das ist teuer.") Sie erinnerte mich daran, um 18 Uhr zu Hause zu sein, mir vor dem Essen die Hände zu waschen und zu beten.

Die Hosen, die ich zur Schule trug, waren geflickt, und wie meine Freunde spielte ich barfuß Basketball. Wir liefen gern am Hafen entlang und sprangen in die Gewässer der Iligan-Bucht.

In dem heutigen Vergnügungspark mit dem Bogenschild „Willkommen auf der längsten Strandpromenade" habe ich schwimmen gelernt.

Wie jedes Kind in der Stadt besuchte ich von 1963 bis 1969 die Kauswagan Central Grundschule, fünfzig Meter von unserem Familiensitz entfernt. Ich hatte Freude am Spielen, wenn ich mit meinen Freunden auf dem Heimweg von der Schule herumtollte.

Obwohl ich immer nur für den Augenblick lebte und der Welt sorglos begegnete, schaffte ich es, meinen Abschluss als einer der besten Studenten zu machen.

Schon in jungen Jahren interessierte ich mich für Gartenarbeit. Damals wurde den Grundschülern beigebracht, wie man pflügt und Gemüse seiner Wahl anbaut. Wir wurden danach benotet, wie wir unsere Parzellen pflegten und verschönerten und wie unsere Pflanzen wuchsen.

Dass ich mich für die Landwirtschaft einsetzen und Kauswagan aus der Armut befreien würde, schien vorherbestimmt – alles Teil von Gottes großem Plan.

Angesichts der anhaltenden Konflikte und Unruhen in meiner Heimatstadt, die auf ungelöste Landstreitigkeiten zwischen Muslimen und Visayan-Siedlern zurückzuführen sind, sowie der Diskriminierung zwischen den ethnischen Gruppen und mangelnder Entwicklungsmöglichkeiten sahen meine Eltern die Notwendigkeit, Kauswagan zu verlassen.

Es gab zwei Möglichkeiten: nach Davao umzusiedeln oder in die Vereinigten Staaten zu gehen, da Papa ein Angebot hatte, im „Land der Freiheit" als Arzt zu praktizieren. Er gehörte zu den ersten Medizinstudenten der University of Santo Tomas (UST) nach dem Krieg. Damals verlangte die Regierung der Vereinigten Staaten von Amerika von angehenden Ärzten nicht, dass sie das Examen ablegen, wenn sie an der UST studiert hatten.

Der Plan, nach Amerika auszuwandern, wurde jedoch auf Eis gelegt, weil Papa zum Bürgermeister von Kauswagan gewählt wurde. Die Menschen müssen von seiner Leistung beeindruckt gewesen sein, denn er wurde für zwei lange Amtszeiten (1963 bis 1978 und 1979 bis 1986) gewählt.

Tacub-Massaker

1972, kurz bevor Präsident Ferdinand E. Marcos Sr. das Land unter Kriegsrecht stellte, wurde mein Vater im Zusammenhang mit dem Massenmord an Muslimen durch Regierungssoldaten an einem militärischen Kontrollpunkt in Tacub, einem Barangay (Dorf) in Kauswagan, am 24. Oktober 1971 suspendiert.

Der Vorfall, der als „Tacub-Massaker" bezeichnet wird, hat Dutzende von Einwohnern das Leben gekostet. Die genaue Zahl der Todesopfer ist nicht bekannt. In dem Buch „The Politics of Islamic Reassertion" heißt es, dass 40 Menschen getötet wurden, während in einem anderen Buch, „Mindanao: A memory of massacres", von 66 die Rede ist.

Papa wurde beschuldigt, das Massaker befohlen zu haben, aber später wurde seine Unschuld bewiesen und er wurde freigesprochen. Er befand sich zum Zeitpunkt des Vorfalls in Manila, und kein Geringerer als der ehemalige Stabschef der philippinischen Streitkräfte (AFP), General Fortunato Abat, sagte als Zeuge aus, dass er an diesem Tag mit Papa zusammen war.

Das Massaker stand in keinem Zusammenhang mit der muslimischen Rebellion. Damals wurde die Gewalt in der Regel von den Schlägern der Politiker – den Barrakudas oder den Schwarzhemden – verübt. Mein Vater wurde beschuldigt, ein Anführer der Ilaga zu sein – einer christlich-extremistischen, paramilitärischen Gruppe, in der Regel Ilonggos mit Sitz in Mindanao, die die muslimische Bevölkerung terrorisierte.

Meine Mutter sorgte dafür, dass unsere Familie nach Cebu umzog, weil wir von den Angehörigen der Opfer gejagt wurden. Es war eine Zeit der Verwirrung und Unsicherheit.

Von 1973 bis 1975 war ich dann an der Ateneo de Manila Universität eingeschrieben und wollte mein Wirtschaftsstudium abschließen, bevor ich am Asian Institute of Management eine Hochschule besuchte. Doch dann wurde das Kriegsrecht verhängt und die Familie musste sich in Cebu niederlassen.

Als ich über die Ereignisse nachdachte, fragte ich mich, was aus meinem Ehrgeiz geworden wäre, im Alter von 21 Jahren etwas Spektakuläres in meinem Leben zu erreichen.

Doch das Kriegsrecht und die Umsiedlung meiner Familie haben diesen Ehrgeiz praktisch zunichtegemacht.

Flugzeuge fliegen

Als mittleres „Sandwich"-Kind, das dachte, seine Eltern würden es „hassen und ignorieren", gestaltete ich mein Schicksal zielstrebig und mit starkem Willen. Ohne das Wissen oder die Zustimmung meiner Eltern meldete ich mich für einen Privatpilotenkurs an einer Flugschule in Lahug, Cebu, an.

Ich mochte das Fliegen, es hat mein Ego gestärkt. Es gab mir den Mut, mich dem Leben zu stellen. Es wirkte dem Gedanken entgegen, dass wir unser Schicksal nicht selbst in die Hand nehmen können.

Mit meinen persönlichen Ersparnissen habe ich mir den Traum vom Fliegen erfüllt.

Ich war 19 Jahre alt, als ich meine Eltern 1976 einlud, bei meinem ersten Alleinflug für den Privatpilotenkurs zuzusehen. Das brachte mir schließlich das Vertrauen und die Unterstützung meiner Eltern ein, als ich 1977 meinen Berufspilotenkurs absolvierte.

Meine Liebe zum Fliegen verschaffte mir von 1977 bis 1978 einen Job bei einer kleinen Fluggesellschaft, die eine Holzfällerkonzession in Butuan City bediente. Meine Eltern, die überfürsorglich sein können und mich vor körperlichem, geistigem oder emotionalem Schmerz bewahren wollten, warnten mich jedes Mal vor den Gefahren des Fliegens, wenn sie mich in Butuan besuchten.

„Hinahamon mo ang kamatayan diyan." (dt.: „Du forderst den Tod heraus."), war ihre oft wiederholte Tirade.

Als gehorsamer Sohn gab ich ihrem Drängen nach und gab meinen Pilotenjob auf. 1978 erwarb ich einen Abschluss in Englisch am Velez College in Cebu City. Da ich nicht wusste, was ich als Nächstes tun sollte, besuchte ich verschiedene Schulen: die University of the Visayas, die Southwestern University und die University of San Carlos, um Jura zu studieren, ein Aufbaustudiengang, zu dem ich quasi gezwungen wurde. Ich erfüllte den Wunsch meiner Eltern und schloss 1983 ein Jurastudium ab, obwohl es mir zu lange dauerte, um meinen Wunsch, so schnell wie möglich Geld zu verdienen, zu erfüllen.

Während meines Jurastudiums folgte ich einem ausgeprägten Geschäftssinn und führte einige meiner Kommilitonen zu mir nach Hause, wo ich ihnen dann Avocado-Eis verkaufte. Ich handelte auch mit Rattanprodukten. Ich musste mir meinen Lebensunterhalt selbst verdienen, weil ich ein großer Verschwender war.

Ich wollte immer Geld in meiner Tasche haben. Bis heute habe ich immer etwas Bargeld bei mir. Ich betrachte es als Glück und fühle mich damit reich.

Jeder war einmal jung, und ich gebe zu, dass ich das „gute Leben" genossen habe, zum Beispiel tagelang wegzubleiben und nicht nach Hause zu gehen, manchmal mit meinen Studienkollegen auf die Insel Bohol zu fahren, um an Fiestas teilzunehmen, und nach Manila zu fliegen, um meine Ateneo-Schulkameraden zu besuchen.

Ich habe zwar gelernt, Alkohol zu trinken, aber ich habe nie geraucht und keine Drogen genommen. Allerdings fiel ich in der Anwaltsprüfung in einem Fach, dem Hilfsrecht, durch – eine große Enttäuschung für mich, denn ich hatte gute Noten im Straf- und Zivilrecht.

„Liebe deinen Nächsten"

In Cebu City traf ich Sonia Altares aus der Provinz Zambales im fernen Luzon, die damals ihre Schwester besuchte, deren Mann das Dorf Casals gehörte, in dem meine Familie wohnte.

Ich verliebte mich in Sonia, eine frischgebackene Krankenschwester, die damals eine Stelle in einem Krankenhaus in Cebu suchte. Ich war 27, als ich sie heiratete, nur um zu erfahren, dass ihre Familie einen Antrag auf Auswanderung in die Vereinigten Staaten gestellt hatte.

Später kam ich zu Sonia in die USA, wo ihre Eltern und alle ihre Brüder lebten, allesamt Männer der US-Marine.

Sobald ich in Amerika ankam, nahm ich jeden Job an, der verfügbar war. Ich arbeitete am Fließband als Schweißer in Southfield, Michigan, wo die Familie meiner Frau lebte. Das Unternehmen war ein Zulieferer von Ford Motors. Ich wurde „Mitarbeiter des Jahres", weil ich Maschinen reparierte, die seit Jahren nicht mehr funktionierten.

Aufgrund meiner hervorragenden Arbeitsleistung, bei der ich die Mechaniker des Unternehmens übertrumpfte, bot mir die Geschäftsleitung ein Abendstudium in Hydraulikmechanik an.

Der Winter in Michigan war scheußlich. Ich zwang mich früh aus dem Bett, um den Motor des Autos anzulassen und den Schnee abzutauen. Sonia hatte furchtbares Heimweh und wollte zurück auf die Philippinen. In der Überzeugung, dass es vielleicht besser wäre, einfach ins sonnige Kalifornien zu ziehen, stimmte meine Frau zu, Michigan gleich nach dem Erdbeben von Loma Prieta, Kalifornien, im Jahr 1989 zu verlassen.

Ich fand Arbeit in der Produktionsabteilung eines Computerunternehmens in der Nähe unserer Mietwohnung und stieg schnell zum Vorgesetzten auf. Der chinesische Besitzer mochte mich und übertrug mir die Leitung von zwei Produktionslinien, die Verantwortung für das Lager und die Schlüssel für das Büro.

Ein Vorfall führte jedoch absurderweise zu meiner „Entlassung". Der Inhaber wollte ins Silicon Valley umziehen und entließ einige seiner Mitarbeiter. Da es Dezember war und Weihnachten vor der Tür stand, war dies nicht der beste Zeitpunkt, um Leute zu entlassen, und der Stellenabbau wurde auf das folgende Jahr verschoben. Am 1. April bat mich mein Chef, 50 Mitarbeiter zu entlassen, damit wir nach San Jose umziehen konnten, wo es für ein Computerunternehmen viele Vorteile gab. Ich nannte ihm die 50 Namen. Dann bat er mich, alle zu versammeln, und wie sich herausstellte, war der erste Name, der aufgerufen wurde, meiner.

Später riefen sie an, um mir zu erklären, dass ich irrtümlich entlassen worden war, und baten mich, wiederzukommen. Aber das tat ich nicht.

Danach arbeitete ich als Autoverkäufer bei einem Toyota-Händler in Daly City, wo die philippinischen Schauspieler Jun Aristorenas und Bob Soler, mein Teamleiter, zu meinen Kollegen gehörten.

Ich wurde der Jobsuche nie müde. Ich arbeitete Nachtschicht bei einer kanadischen Fluggesellschaft, wo ich das Gepäck der Passagiere sortierte und es zu ihren jeweiligen Wohnorten brachte. Das war nur von kurzer Dauer.

Sonia ermutigte mich, zu bleiben, als ich eine Stelle bei der Post bekam. Die Bezahlung war gut, aber ich wurde wieder zur Nachtschicht eingeteilt.

Während dieser Zeit wuchs meine Familie. Sonia und ich haben drei Kinder, die alle in den USA geboren und aufgewachsen sind – Jaleel Ann, Nicanor Rommel jr. und Alexis Catherine. Ich wollte mich tagsüber um sie kümmern. Als das Büro sich weigerte, meine Dienstzeiten zu ändern, kündigte ich.

Auch waren die Arbeitszeiten der Grund, warum ich keine weitere Anstellung als Fahrer bei United Parcel Service (UPS) annahm.

Es sah so aus, als würde ich nur zwischen verschiedenen Jobs hin- und herwechseln und nicht wissen, in welche Richtung mein Leben gehen sollte. Doch dann wurde mein Traum, „etwas Spektakuläres zu tun", durch die nächsten Ereignisse endlich wahr. Ich besorgte mir eine Immobilienlizenz von einer Volkshochschule und dachte daran, was Papa mir einmal gesagt hatte: „Wenn du in die Geschäftswelt gehst, solltest du es mit Immobilien versuchen."

Nach dem Studium und der Ausbildung in den Grundlagen und Feinheiten der Immobilienbranche strotzte ich nur so vor Selbstvertrauen, als ich meiner Frau sagte: „Kayang-kaya ko ito." (dt.: „Ich schaffe das locker. Ich bin mir sehr sicher.")

Als ich in die Immobilienbranche einstieg, fand ich heraus, dass der Handel mit zwangsversteigerten, staatlichen Immobilien gute Erträge abwarf. Jede Woche fand eine Auktion statt, und ich war immer dabei, auch wenn ich nicht mitgeboten habe. Ich beobachtete nur und notierte mir die Immobilien, die nicht verkauft wurden.

Als ich mein eigener Kunde wurde, kaufte ich die Immobilien zu einem niedrigen Preis und verkaufte sie teuer. Ich organisierte fünf „Syndikate" – Gruppen von Immobilienmaklern, die ich verwaltete. In diesem Geschäft geht es bei Immobiliensyndikaten um eine Gruppe von Investoren, die gemeinsam Kapital aufbringen, um Gewerbeimmobilien zu kaufen oder eine neue Immobilie zu bauen, um eine Beteiligung an einer Immobiliensammlung zu erhalten. Die Syndikate tauschten sich darüber aus, was sie kaufen und was sie verkaufen wollten. Wir legten Geld zusammen und kauften Immobilien. Wir behielten diese Immobilien eine Zeit lang und verkauften sie dann später.

Diese Strategie wurde so erfolgreich, dass ich zwischen fünf und 20 Transaktionen pro Monat abschloss. Ich schätzte die Werte der Immobilien schnell ein, indem ich mir jeden Standort einmal ansah. Das machte ich täglich. Ich war sehr beschäftigt mit dieser Arbeit, da ich auch der Hausverwalter war und mich um Dachdeckerarbeiten, Schädlingsbekämpfung und so weiter kümmerte.

Nach 15 Jahren des Kaufs und Verkaufs von Immobilien in den USA habe ich etwas wirklich Spektakuläres für meine eigene Familie erreicht. Ich investierte in Immobilien, die mir in Kalifornien gehören würden, einschließlich unseres Hauses in San Francisco. Gleichzeitig baute ich einen Familiensitz in Cebu, damit meine Kinder und Enkelkinder jederzeit zu Besuch kommen können und die ganze Familie das Beste aus beiden Welten genießen kann. All diese erworbenen Immobilien waren die Früchte meines Erfolgs im Immobiliengeschäft.

Als ich eines Tages in unserem Haus am See faulenzte, sagte ich zu Sonia, dass ich mir vorstellen könnte, in den USA alt zu werden und mich einfach mit unseren Enkeln zu entspannen.

Aber ich habe ihr auch gesagt, dass wir nicht alles im Leben haben müssen, solange wir glücklich sind. Wir könnten jederzeit aufhören zu arbeiten. Ich spielte mit dem Gedanken, mich in unseren 50ern zur Ruhe zu setzen, und da kam die Idee auf, auf die Philippinen zurückzukehren.

RÜCKKEHR NACH KAUSWAGAN

2005 brachte ich meine Familie mit einer großen Gruppe von Balikbayans (philippinische Staatsbürger, die im Ausland leben) in unser Heimatland. Als ich meine Geschwister besuchte, sah ich ein Leben mit einfachen Privilegien, nach dem auch ich mich sehnte. Plötzlich dachte ich über meine Möglichkeiten nach. Ich verliebte mich in ein Grundstück auf dem Busay, 600 Meter über Cebu City, und sagte mir: „Hier will ich leben, hoch oben in den Bergen."

Die Umsiedlung nach Cebu passte unseren Kindern jedoch nicht, die alle zurück in die Vereinigten Staaten wollten. Aber ich wollte nicht erst auf die Philippinen zurückkehren, wenn ich zu alt bin und nicht mehr laufen kann.

Mein Plan war nicht, auf den Philippinen zu arbeiten, sondern unser Immobiliengeschäft zu bewerben. Ich hatte nicht vor, Politiker zu werden. Ich war glücklich genug, ein schönes Haus in Cebu zu haben. Ich ließ meine drei Geschäftsflugzeuge hierher fliegen und meine Mercedes Benz-Autos. Ich wollte auch eine Unterkunft in Manila haben, die wir nutzen konnten, wenn Sonia ihre Heimatstadt in Zambales besuchte.

Im Jahr 2007 kauften wir eine Eigentumswohnung mit dem größten Grundriss im gehobenen Rockwell-Viertel in Makati.

Erneuter Ausbruch von Gewalt in Kauswagan

Ein Vorfall in Kauswagan veranlasste mich, lange und gründlich über meine Prioritäten nach dem Erreichen finanzieller Sicherheit nachzudenken. Im August 2008 brach die Gewalt zwischen den Regierungstruppen und den Rebellen der Moro Islamic Liberation Front (MILF) aus, nachdem die Unterzeichnung eines Abkommens über die angestammten Gebiete ausgesetzt worden war.

Die Feindseligkeiten, die auf mehrere Städte, darunter Kauswagan, übergriffen, forderten Berichten zufolge 34 Todesopfer.

Die Tragödie ereignete sich acht Jahre nach der Einnahme von Kauswagan durch die MILF und der Entführung von Hunderten von Geiseln, was den damaligen Präsidenten Joseph Estrada dazu veranlasste, einen „totalen Krieg" mit acht Militäroperationen anzuordnen, einschließlich eines Angriffs auf Kauswagan, um die Stadt von der Kontrolle der MILF zu befreien.

Als ich 2008 nach Kauswagan zurückkehrte, sah ich, wie niedergeschlagen meine Heimatstadt worden war. Es war eine Geisterstadt. Ich wusste, dass Kauswagan seit vielen Jahrzehnten ein unsicherer Ort war, aber die Zustände, die ich 2008 sah, waren beschämend. Ich fragte mich, wo die Menschen Zuflucht finden würden, und ich fragte mich, wie sich dieser Ort jemals erholen könnte. Da wusste ich, dass ich etwas tun konnte und dass Gott mich aus einem bestimmten Grund zurückgebracht hatte. Einige meiner Freunde baten mich dann, für ein Wahlamt zu kandidieren, da ich einen guten Ruf hätte, da mein Vater selbst Bürgermeister gewesen war. Es war eine Herausforderung, meine Familie zu informieren und ihre Zustimmung einzuholen. Aber nach dem, was ich in Kauswagan gesehen hatte, war ich fest entschlossen, zurückzukommen und für ein öffentliches Amt zu kandidieren.

Obwohl ich meine Pläne mit Sonia besprochen hatte, musste ich fast ein Jahr lang über meine Entscheidung nachdenken. Nachdem ich meine Kinder zur Schule gefahren hatte, deren Schutzpatron zufällig der heilige Vinzenz war, derselbe Schutzpatron wie der von Kauswagan, besuchte ich morgens um sieben Uhr die katholische Messe in der benachbarten Kirche. Ich fragte mich, ob es wirklich meine Berufung war, Bürgermeister zu werden. Ich fragte mich, ob ich darüber nachdenken sollte, was möglicherweise ein höheres Ziel sein könnte, als nur meiner eigenen Familie zu dienen.

Als ich 2009 meine Absicht bekundete, für ein Kommunalamt in Kauswagan zu kandidieren, indem ich einen einjährigen Wohnsitz anmeldete, hatten meine Kinder aufgehört, mit mir zu sprechen. Es gab jedoch kein Zurück mehr. Meine Entscheidung war endgültig.

Aber ich habe meine Hausaufgaben gemacht und Experten der Universität der Philippinen beauftragt, zwei Umfragen über meine Gewinnchancen durchzuführen. Die Ergebnisse waren ermutigend. Ich spürte, dass die Menschen sich wirklich einen Wandel wünschten.

Im Jahr 2010 gewann ich das Amt des Bürgermeisters von Kauswagan mit einem Vorsprung von fast 700 Stimmen. Ich habe nie Geld ausgegeben, um die Wahl zu beeinflussen, während mein Mitbewerber Millionen von Pesos ausgegeben hat.

Einige Monate nach Beginn meines Mandats wurde jedoch versucht, mich zu disqualifizieren, da ich angeblich immer noch die amerikanische Staatsbürgerschaft hätte, obwohl ich diese bereits abgelegt hatte.

Aber als ich in die USA ging, um mein Geschäft aufzugeben, hatte ich meinen philippinischen Pass nicht dabei, der in San Francisco ausgestellt worden war. Ein Freund, der ein Reisebüro in San Francisco betrieb, sagte: „Uy nandito passport mo." (dt.: „Hey, dein Pass ist bei mir.")

Erhörtes Gebet

Diese Reise, bei der ich meinen US-Pass benutzte und ein Upgrade auf einen Sitz in der Businessclass erhielt, war ein Glücksfall.

Als Bürgermeister von Kauswagan fand jeden Montag in meinem neuen Büro ein regelmäßiger Gedankenaustausch statt. Ich beendete meine Botschaft immer mit den Worten: „Bitte helfen Sie mir zu beten, dass wir jemanden von einer guten Nichtregierungsorganisation finden, der mich beim Führen der Gemeinde unterstützen kann."

Wir haben dann versucht herauszufinden, ob es korporativ machbar wäre.

Im Flugzeug saß ein Mann neben mir, der schlief. Als er aufwachte, begannen wir ein Gespräch. Wohin ich wollte, fragte er, und ich sagte: „Nach San Francisco, um meine Familie zu besuchen. Und Sie, Sir?"

Zu meiner Überraschung handelte es sich bei dieser Person um Ben Abadiano, den Präsidenten der Assisi Development Foundation Inc. (ADFI) und Ramon-Magsaysay-Preisträger. Dann erfuhr ich, dass der Gründer der Assisi Foundation Howard Dee war, ein ehemaliger philippinischer Botschafter im Vatikan. Dies war die Nichtregierungsorganisation, für die wir gebetet haben.

Ich dachte gerade darüber nach, wie schnell sich Dinge im Flugzeug ereigneten, als Ben sagte, dass ADFI im Begriff war, sein über 30 Jahre altes Programm Tabang Mindanao zu beenden (dessen ursprüngliche Aufgabe darin bestand, zehn der ärmsten Gemeinden in Zusammenarbeit mit der ersten Aquino-Regierung zu unterstützen). Das muss mein erhörtes Gebet sein, sagte ich mir.

Bevor wir landeten, sagte ich zu Ben: „Sir, ich bin der neu gewählte Bürgermeister von Kauswagan in Lanao del Norte."

Ben sagte: „Kauswagan! Kriegsgebeutelt... Tutulungan ka namin (Wir werden Ihnen helfen)! Wenn Sie auf die Philippinen zurückkommen, treffen wir uns."

Ich war bereits zurück auf den Philippinen, als Ben mich anrief und mich einlud, das Ateneo-Seminar in San Jose zu besuchen. Wie sich herausstellte, war Ben ein ehemaliger Jesuitenpater. Er bat mich, den Fall Kauswagan vorzustellen. Ich fuhr allein in einem Taxi zum Seminar. Dort waren zehn andere Bürgermeister, jeder mit Leibwächtern. Nach meinem Vortrag sagte Botschafter Howard Dee zu mir: „Willkommen, Sie sind unser neuer Partner."

ADFI-Vertreter verbrachten einen Monat bei mir. Jeden Abend versuchten wir bei einem Kaffee in meinem Haus herauszufinden, wie ich mir Kauswagan vorstellte. Ich sagte, ich wolle, dass Kauswagan ein Zufluchtsort des Friedens sei – das Gegenteil von einem vom Krieg gezeichneten Ort. Aber vor allem wollte ich einen Rahmen für die Verwaltung schaffen.

Ich habe meiner Familie versprochen, dass ich nur eine Amtszeit, also drei Jahre, Bürgermeister sein werde und mich dann verabschiede. Ich wollte alles in drei Jahren schaffen. Ich habe meiner Familie auch gesagt, dass ich zurücktreten werde, wenn ich nicht erfolgreich sein sollte. Aber noch vor Ende meiner ersten Amtszeit wurde meine Familie zu meinen Fans. Sie wollten nicht, dass ich aufhörte, und so kandidierte ich erneut.

Auf diese Weise dokumentierte ADFI seine Beziehung zu Kauswagan:
„Während die Stadt im Schatten von Angst und Schrecken lebte, verschlechterte sich ihr Zustand auch wegen der korrupten und ineffektiven Kommunalverwaltung. Viele Jahre lang waren die städtischen Beamten aufgrund von politischen und wirtschaftlichen Interessen uneins. Die Misswirtschaft mit öffentlichen Geldern nahm überhand, was zur Suspendierung ehemaliger Chief Executives und zur Einleitung von Verfahren wegen Bestechung und Korruption gegen mehrere lokale Beamte führte. Die Steuereinnahmen der Gemeinde brachen ein und die Armutsquote stieg auf ein alarmierendes Niveau: 79 Prozent im Jahr 2008."

„Im Mai 2010 wählten die Einwohner von Kauswagan den Bürgermeister Rommel Arnado zu ihrem neuen Oberhaupt, in der Hoffnung, dass sich in ihrer Stadt einiges ändern würde. Nach den Wahlen begann Bürgermeister Arnado, die Korruptionsmaschinerie in der Stadtverwaltung zu stoppen und mit Unterstützung der ADFI einen Fahrplan für Frieden

und Entwicklung in der Gemeinde zu erstellen. Der Fahrplan trug den Namen ‚Sustainable Integrated Kauswagan Area Development and Peace Agenda' oder SIKAD PA, ein lokaler Begriff, der so viel bedeutet wie ‚sich mehr bemühen'. Er wurde mit dem Sangguniang Bayan-Beschluss Nr. 148-2011 als kommunale Entwicklungspolitik angenommen. SIKAD PA wurde zum Sammelpunkt für die Menschen, die LGU und andere unterstützende Gruppen. Durch die Zusammenarbeit mit ADFI und anderen Agenturen im Rahmen des Programms für öffentlich-private Partnerschaft für Gerechtigkeit, Entwicklung und Frieden (PPP-JDP) konnte die LGU Gemeindeleiter dazu befähigen und mobilisieren, verschiedene Projekte zur Friedensförderung, Grundversorgung und Einkommensschaffung sowohl in muslimischen als auch in christlichen Gemeinden durchzuführen. Lokale Gemeindeorganisatoren, die von der LGU unterstützt wurden, wurden in den Barangays eingesetzt, um die Umsetzung der SIKAD PA-Projekte sicherzustellen. Es wurden friedenssensible und leistungsbezogene Pläne und Überwachungssysteme eingerichtet, um Rechenschaftspflicht und Transparenz zu gewährleisten. Auch die Finanzverwaltung und die Steuererhebung wurden reformiert."

„Nach kaum einem Jahr, in dem wir uns für die Umsetzung der SIKAD PA eingesetzt haben, waren die Einwohner von Kauswagan erstaunt über die Veränderungen, die ihre Stadt unter der Führung von Bürgermeister Arnado erfahren hat. Trotz der jüngsten Rückschläge bei den Friedensverhandlungen kam es in der Stadt in diesem Jahr zu keinen größeren bewaffneten Zusammenstößen zwischen Regierungs- und MILF-Kräften und die Kriminalitätsrate ist auf null Prozent gesunken. Die Armutsquote unterhalb des Existenzminimums ging von 69 Prozent im Jahr 2010 auf 56,2 Prozent Ende 2011 zurück. Die Steuereinnahmen der Gemeinde haben sich im Vergleich zu den Vorjahren fast verdoppelt, was auf ein gestiegenes Vertrauen der Bevölkerung in die LGU hinweist... Es war keine Überraschung, dass die LGU in diesem Jahr (2011) als eine der leistungsstärksten Gemeinden in Lanao del Norte angesehen wurde und von der DILG ein Siegel für gute Haushaltsführung erhielt. Außerdem wurde sie unter den 110 Kandidaten für die Galing Pook Awards 2011 nominiert."

Im Jahr 2013 gewann ich erneut das Amt des Bürgermeisters. Auf halbem Weg meiner zweiten Amtszeit, im September 2015, bestätigte ein Urteil des Obersten Gerichtshofs die Entscheidung der Wahlkommission, mich zu disqualifizieren, weil ich mehrmals einen amerikanischen Pass benutzt hätte, auch nachdem ich die US-Staatsbürgerschaft aufgegeben und die philippinische Staatsbürgerschaft wieder angenommen hatte.

Ich bin gebürtiger Filipino, mit Leib und Seele. Die amerikanische Staatsbürgerschaft, die ich 2009 durch Einbürgerung erworben habe, hatte ich bereits aufgegeben, bevor ich 2010 als Bürgermeister kandidierte. Mit Rücksicht auf die Rechtsstaatlichkeit habe ich dennoch meinen Posten niedergelegt, ohne jedoch meinen Wunsch aufzugeben, zum Frieden und zur Entwicklung meiner geliebten Heimatstadt beizutragen, selbst wenn ich dies nur noch auf persönlicher Ebene umsetzen konnte.

Aber der Ruf der Menschen hallte nach, ebenso wie mein brennender Wunsch, Kauswagan in einen Ort des Friedens zu verwandeln. Im Jahr 2016 erhielt ich ein neues Mandat und die Genehmigung, die Stadt als Bürgermeister zu führen und Einigkeit und Zusammenarbeit zu fördern.

Warum habe ich so lange das Amt als Bürgermeister inne? Ich denke, die Menschen hatten das Gefühl, dass es eine echte Verwaltung gibt und dass die Kommunalverwaltung sich wirklich um sie kümmert. In unserem Verwaltungssystem der Regierung haben wir das Hauptproblem von Kauswagan identifiziert, seine Wurzeln analysiert und sind Lösungen angegangen.

Die Bewältigung der Herausforderungen im Bereich Frieden und Ordnung hatte oberste Priorität. An zweiter Stelle stand die Bekämpfung der Armut, die damals mit 80 Prozent zu hoch war.

Aber auf dem Weg dorthin, als wir das Friedenspfad-Programm überarbeiteten, wurde uns klar, dass Frieden und Ordnung nicht unser eigentliches Problem waren. Es war der Hunger. Es ging nicht einmal um Religion, Ideologie oder Kultur, sondern die eigentliche Ursache des Problems waren Ernährungsunsicherheit und Landraub.

Die Menschen vom Hunger zu befreien, wurde zum zentralen Programm der Regierung.

Wie kann man in Kauswagan dem Hunger entgehen? Durch Fischen. Durch Landbau. Ich sagte: „Lasst uns das machen – aber mit Stil. Wenn ich ‚Stil' sage, dann meinen wir biologische Landwirtschaft."

Die Idee, den ökologischen Landbau zu propagieren, stammt von meinen Kindern in den Vereinigten Staaten. Sie essen nur Lebensmittel, die keine Chemikalien enthalten. Als ich sie besuchte, aßen sie gegrillte Talong (Auberginen), gegrillte Okra und tranken Wein. Sie essen Fleisch, aber sparsam. Sie sind gesund, haben einen schlanken Körper und sehen zufrieden aus.

Beim ökologischen Landbau geht es um Nahrungsmittelsuffizienz. Wenn man Nahrungsmittelsuffizienz anstrebt, kann man sich nicht auf Chemikalien verlassen. Es muss eine chemiefreie Landwirtschaft sein. Chemikalien in Lebensmitteln sind gefährlich und können tödlich sein, da sie in den Blutkreislauf gelangen.

Und so kam es, dass Kauswagan bereits im Jahr 2014 mit dem nationalen Preis für ökologische Landwirtschaft der Philippinen ausgezeichnet wurde.

In der ersten Jahreshälfte 2013 ist die Armutsquote in Kauswagan auf 47,5 Prozent gesunken – von einem Höchststand von 79,9 Prozent im Jahr 2009, bevor ich das erste Mal zum Bürgermeister gewählt wurde.

In den offiziellen Ehrungen wurden die größten Höhepunkte meiner Laufbahn im öffentlichen Dienst meiner Heimatstadt erwähnt. Sieben Jahre lang wurde Kauswagan von der nationalen Regierung über das Ministerium für Inneres und Kommunales mit dem Siegel für gute lokale Regierungsführung (SGLG) ausgezeichnet.

Die Online-Datenbank FuturePolicy.org schrieb über das auf ökologischer Landwirtschaft basierende Programm von Kauswagan, „From Arms to Farms“, Folgendes:

„Um Frieden und Stabilität zu erreichen, bekämpft Kauswagan die eigentlichen Ursachen des Konflikts: Ernährungsunsicherheit, Armut, Hunger und Ungleichheit. Das Programm ‚From Arms to Farms‘ von Kauswagan hat die Stadt von einem durch jahrzehntelangen Krieg zerstörten Gebiet in eine Bühne für nachhaltige landwirtschaftliche Entwicklung verwandelt. Auf der Grundlage einer breiten Beteiligung verschiedener Akteure, angeführt von den lokalen Regierungseinheiten und anderen Unterstützungsgruppen, erwies sich das Programm als sehr erfolgreich, da es über 600 ehemaligen Kämpfern half, sich durch die Landwirtschaft wieder in die Gesellschaft zu integrieren, und die Armutsquote in dem Gebiet 2016 auf 40 Prozent sank.

Das ‚From Arms to Farms'-Programm zeigt, dass die Agrarökologie ein mächtiges Werkzeug für radikale und positive Veränderungen sein kann. Mit seinen bemerkenswerten Leistungen und der Beachtung der zukunftsgerechten Gesetzgebungsprinzipien und Elemente der Agrarökologie wurde das Programm von Kauswagan mit einer lobenden Erwähnung des Future Policy Award 2018 ausgezeichnet, der vom World Future Council in Zusammenarbeit mit der FAO und IFOAM – Organics International verliehen wird."

Neben der Anerkennung und den Auszeichnungen, die die Stadt Kauswagan erhalten hat, ist es die motivierende Kraft, die alle Kauswaganer anspornt, auf dem Erfolg der LGU weiter aufzubauen. Dazu gehören die Erweiterung der eigenen Fähigkeiten, um anderen besser dienen zu können, der Aufbau einer positiven Kultur und die kontinuierliche Förderung des friedlichen und produktiven Zusammenlebens verschiedener ethnischer und religiöser Gruppen, denen zuvor Zufriedenheit und Sicherheit vorenthalten wurden.

ROMMEL ARNADO IM DIALOG

„Wir alle wissen, dass wir es als Führungskräfte unserer jeweiligen Gemeinschaften nicht leicht haben. In unserem Bestreben, hervorragende Dienstleistungen zu erbringen, müssen wir uns den Schwierigkeiten stellen."

Dieses Statement von Rommel Arnado zeigt sein Engagement und seinen Wunsch, Außergewöhnliches zu bewirken. Da der Bürgermeister nicht gerne große Reden schwingt, sondern lieber auf Fragen reagiert, erklärt er nachfolgend im Dialog, wie er und seine Unterstützer das Wunder von Kauswagan auf den Weg gebracht haben.

Führung, Verwaltung und öffentlicher Dienst

Welches Chaos herrschte im Jahr 2000 in Kauswagan?
Viele Menschen wissen vielleicht nicht, dass wir zum Zentrum des Chaos wurden, als der damalige Präsident Joseph Estrada im Jahr 2000 den totalen Krieg gegen die Moro Islamic Liberation Front, eine in Mindanao ansässige Sezessionsgruppe, erklärte. Kauswagan wurde für mehrere Monate zu einer Geisterstadt. Seit vielen Jahren befindet sich die Stadt in einer schwierigen Lage, da die Menschen fast nichts zu essen haben und die Gemeinden in Armut versinken.

Was war der Auslöser für die Transformation ein Jahrzehnt nach dem Krieg?
Im Jahr 2010 erlebten wir einen sehr starken Wandel, der das Leben der Menschen veränderte. Ich wurde zum Bürgermeister gewählt und brachte die gesamte Gemeinde dazu, eine stärkere und nachhaltigere Gemeinschaft zu bilden. Die Menschen engagierten sich in der Landwirtschaft, und seitdem sind wir zu einem Zentrum der Lebensmittelproduktion im Norden Mindanaos geworden. Durch diesen Wandel wurden wir zu einer nachhaltigen Modellgemeinde für ökologische Landwirtschaft. Bis heute sind wir ein Zentrum des Lernens und der ständigen Weiterbildung im Bereich der ökologischen Landwirtschaft.

Wir haben die Lebensmittelproduktion gesteigert, und die Menschen können nun auf ihre eigenen Mittel zur Lebensmittelerzeugung zurückgreifen. Das geht natürlich nicht von heute auf morgen. Dreizehn Jahre sind vergangen, seit wir mit dieser Vision begonnen haben, und wir sind weiterhin dabei, unsere Gemeinden umzugestalten und uns an die Anforderungen einer nachhaltigen Entwicklung anzupassen. Die diesjährige Ausrichtung des internationalen Kongresses für ökologischen Landbau soll unserer Gemeinde den Weg zu größeren Chancen ebnen, insbesondere im Bereich der Tourismusentwicklung.

Wie haben Sie sich als neuer Staatsbediensteter gefühlt?
Im Jahr 2010 war ich ein politischer Neuling und zum ersten Mal Bürgermeister. Ich war in der bestehenden Hierarchie ein völlig Fremder und die Leute hatten Schwierigkeiten, Anweisungen von einer neuen Führungspersönlichkeit anzunehmen, mit der sie noch nie zusammengearbeitet und von der sie noch nie gehört hatten. Wir hatten Schwierigkeiten, die Dinge umzusetzen, und die meisten Mitarbeiter der Kommunalverwaltung hatten Schwierigkeiten, meinen Anweisungen zu folgen oder die neuen Anweisungen zu verstehen. Gleichzeitig kämpfte ich damit, eine Nische in der Führung zu etablieren, eine, die im Leben der Menschen, denen ich diente, bedeutsam werden sollte; und eine Führung, die einen massiven Einfluss auf das Leben der Menschen und die Gemeinschaften, in denen sie lebten, haben würde.

Haben Sie Angst, dass Ihre Bemühungen scheitern werden?
Ganz und gar nicht, denn wir haben alle unsere Programme institutionalisiert. Jeder Schritt und jede Maßnahme, die wir seit Anbeginn der Zeit ergriffen haben, wird durch Beschlüsse und lokale Verordnungen unterstützt. Die Menschen haben sich mit der Zeit an meine Art, die Dinge zu führen, gewöhnt, und sie wissen, wohin wir uns bewegen. Ich will damit nicht sagen, dass ich mir keine Sorgen mache, dass unsere Bemühungen verpuffen könnten – wir können die Zukunft wirklich nicht vorhersagen, aber wir haben unser Bestes getan, um die Nachhaltigkeit unserer Entwicklungsprogramme zu gewährleisten. Ich bin mir auch sicher, dass die wichtigsten Akteure die Programme meiner Verwaltung weiterhin unterstützen werden.

Was halten Sie von Kontinuität?

Obwohl alles institutionalisiert ist, gibt es keine Garantie für Kontinuität, so wie in einigen anderen lokalen Regierungseinheiten, wo neue Führungspersönlichkeiten ihre Regierungsprioritäten haben. Aber solange ich lebe, werde ich die Menschen zusammenrufen, um die Dinge, die wir in dieser Stadt aufgebaut haben, für die nächste Generation zu schützen.

Glauben Sie, dass Kauswagan, ehemals Kriegsgebiet, immer noch gefährdet ist?

Die Wahrheit ist, ja, es ist immer noch verwundbar, wie viele andere von Konflikten betroffene Gebiete. Wir wissen nicht, welche Herausforderungen in Zukunft auf uns zukommen werden. Frieden ist nicht kaufbar. Doch die Schaffung eines friedlichen Umfelds ist teuer. Wir haben Infrastrukturen gebaut, Ausrüstung und landwirtschaftliche Betriebsmittel gekauft, die Landwirte und die am Lebensunterhalt Beteiligten geschult und das Vertrauen der Menschen in ihre Führungspersonen wiederhergestellt. Solange wir diese Bemühungen fortsetzen und mit unseren Partnern und wichtigen Akteuren zusammenarbeiten, können wir meiner Meinung nach Risiken mindern und Schwachstellen entgegenwirken.

Haben Sie das Gefühl, dass die Menschen mit Ihrer Regierung zufrieden sind?

Bei unserer täglichen Arbeit können wir sehen, wie sich unsere Gemeinden verändert haben und wie die Menschen von unseren Bemühungen profitieren. Das gestiegene Vertrauen in die lokale Verwaltung ist ein großer Ausdruck der Zufriedenheit der Menschen. In den letzten zehn Jahren haben mehr Menschen regelmäßig Kommunalsteuern gezahlt und sie profitieren davon durch die effiziente Erbringung öffentlicher Dienstleistungen. Ich weiß jedoch, dass die Menschen besorgt darüber sind, dass ich mich in meiner dritten und letzten Amtszeit als Bürgermeister befinde. Aber wir werden dafür sorgen, dass unsere Programme aufrechterhalten werden. Lassen Sie mich eine Aussage des ehemaligen Kommandeurs der Streitkräfte der Moro Islamic Liberation Front (MILF), Abdullah Macapaar „Kumander Bravo", zitieren, der sagte: „Ich wünsche mir, dass Arnado auch der nächste Bürgermeister wird, am liebsten für immer. Ich denke, wir müssen Arnado behalten."

Was sind die Indikatoren dafür, dass die Menschen mit der Art der Regierungsführung von Arnado zufrieden sind?
Ich kann sehen, dass die Menschen erkennen, dass die Art der Regierungsführung, die ich eingeführt habe, tatsächlich funktioniert. Ich glaube, dass der von uns geschaffene und derzeit umgesetzte Verwaltungsrahmen, bei dem es darum geht, die Wurzeln des Problems zu identifizieren und anzugehen, tatsächlich ein wirksames Instrument ist, das Kauswagan verändert hat. Wir haben die Probleme identifiziert, unsere Vision und Mission festgelegt, die uns den Weg zu unserer strategischen Ausrichtung geebnet haben, und wir haben die massiven Lücken überbrückt. Dadurch haben wir die wirtschaftliche und soziale Landschaft unserer Stadt völlig verändert. Die Bewältigung der Probleme im Zusammenhang mit Frieden und Ordnung und der Ernährungsunsicherheit waren wichtige Faktoren, die uns den heutigen Erfolg bescherten.

Wie schwer ist es, eine Führungskraft zu sein?
Alle Führungskräfte einer Gemeinschaft wissen, dass es nicht einfach ist. In unserem Bestreben, hervorragende Leistungen zu erbringen, müssen wir uns den Schwierigkeiten stellen. Unsere lokalen Erfolge können auch eine Quelle des Erfolgs für andere sein. Und wir müssen das, was wir erreicht haben, mit anderen teilen. Wie schwer es auch sein mag, unter den Bedingungen und in den Situationen, mit denen wir konfrontiert sind, zu führen und zu regieren, so bleiben wir doch unserer Verpflichtung treu, uns noch mehr anzustrengen und noch härter an unseren Aufgaben zu arbeiten. Es gibt noch so viel zu tun und wir hoffen, dass unsere Erfolge andere dazu inspirieren werden, sich noch mehr anzustrengen. Unser Ziel ist es, dauerhaften Frieden zu schaffen und das Leben zu erhalten, indem wir Schritt für Schritt wichtige Meilensteine in der nachhaltigen Entwicklung und im ökologischen Landbau erreichen.

Wie ist es Ihnen gelungen, alle Beteiligten, einschließlich der Führer der Sezessionisten, für die Kernprogramme Ihrer Regierung zu gewinnen?
Durch die Annäherung der Strategien aller Sektoren in der Gemeinschaft und die aktive Beteiligung und Zusammenarbeit ehemaliger MNLF- und MILF-Führer konnten wir durch die SIKAD PA und unser

Programm „From Arms to Farms“ einen soliden Aktionsplan für Frieden und Entwicklung installieren. Durch die von uns angebotenen Programme und Schulungsmaßnahmen haben die Menschen so viele Veränderungen in ihrem Leben erfahren. Durch ihre Mitwirkung an den von uns durchgeführten Maßnahmen zum Aufbau von Fähigkeiten wurde ihnen bewusst, was sie in ihrem eigenen Zuhause und in ihrer eigenen Gemeinschaft tun können. Unsere Schlüsselfiguren, darunter auch jene Kämpfer, die jahrzehntelang gegen die Regierung gekämpft hatten, erkannten, dass sie genau das brauchten, um Essen auf den Tisch zu bringen und ihre Familien zu versorgen. Die Farmen, die im Rahmen von „From Arms to Farms“ eingerichtet wurden, haben unsere gefährdeten Bevölkerungsgruppen ermutigt und ihnen neue Lebensperspektiven eröffnet. Deshalb sagen wir immer wieder, dass hier wirklich ein Wunder geschehen ist.

Wie kraftvoll war der Wandel aus Ihrer Sicht?
Er war beinahe magisch. Wir haben uns nicht einfach verändert. Wissen Sie, wie sich eine Raupe in einen Schmetterling verwandelt, nachdem sie aus ihrem Kokon geschlüpft ist? Kauswagan hat einen schmerzhaften, verzweifelten Prozess durchlaufen und sich in das verwandelt, was es heute ist. Von Gemeinden, die durch Krieg und jahrzehntelange Unsicherheit verwüstet wurden, bis hin zu einer der leistungsstärksten und meistgewürdigten Kommunalverwaltungen in der Region und dem größten Produzenten von Bio-Lebensmitteln in der Provinz haben wir einen sehr langen Weg zurückgelegt. Der Rückgang der Armutsquote um fast 80 Prozent auf 9,1 Prozent innerhalb von zehn Jahren ist beispiellos und die Kriminalitätsrate ist nach sehr langer Zeit auf Null gesunken. Zusätzlich zu den höheren Erträgen in der landwirtschaftlichen Produktion erlebten wir einen enormen Aufschwung in der Geschäftswelt. Mehr Partner aus dem Privatsektor sind nach Kauswagan gekommen und haben Kleinst-, Klein- und mittlere Unternehmen gegründet. Wir haben sehr viel Energie investiert, seit wir mit dieser Arbeit begonnen haben, aber wir hätten nie erwartet, dass es so weit kommen würde. Abgesehen von den Anerkennungen, die wir von der nationalen Regierung erhalten haben, haben wir auch den Friedenspreis der United Cities and Local Governments (UCLG) Peace Awards in Bogota, Kolumbien, gewonnen und Kauswagan war der erste ausländische Preisträger. Und vom 4.

bis 10. Juni 2023 waren wir die gastgebende Gemeinde des 6. Organic Asia Congress, zu dem 33 Länder nach Kauswagan kamen.

Was ist das Konzept Ihrer erfolgreichen SIKAD P-Agenda?
In meiner ersten Amtszeit als Bürgermeister habe ich die Sustainable Integrated Kauswagan Area Development and Peace Agenda (SIKAD PA) ins Leben gerufen. Das ist der lokale Ausdruck für „energiegeladen" und könnte auch „lebhaft und munter" oder „nach mehr streben" bedeuten. Das Ziel war es, eine von Instabilität, Unsicherheit, Unterentwicklung und Armut geplagte Gemeinde auf Vordermann zu bringen. Ich hätte es fast nicht geschafft und war mir unsicher, ob ich mich den ungeheuren Herausforderungen stellen sollte. Im Rahmen der Entwicklungsagenda der SIKAD PA wurden alle 13 Barangays (Dörfer) in Kauswagan gleichmäßig an den kommunalen Ressourcen und Projekten beteiligt und die armen Gemeinden erhielten die gleichen Voraussetzungen. Infolgedessen sank die Armutsquote von 79,9 Prozent im Jahr 2009 drastisch auf 47,5 Prozent im Jahr 2012. Das Vertrauen in die Kommunalverwaltung wurde gestärkt, was zu einem deutlichen Anstieg der Grundsteuern und der Einziehung kommunaler Genehmigungs- und Lizenzgebühren führte.

Wie hat Kauswagan die Herausforderungen gemeistert?
Während Unsicherheiten, die durch Krisen, Konflikte, Gleichgültigkeit oder Apathie hervorgerufen werden, die Menschen und Gemeinschaften beeinträchtigen, sind es die starken, lokalen Regierungen und ihre jeweiligen Führungspersönlichkeiten, die sich über solche Herausforderungen hinwegsetzen. Hier sind das Festhalten an und das Engagement für eine gute Regierung, eine effiziente Führung und wirksame Strategien gefragt. Als Oberhaupt unserer jeweiligen Gemeinschaften ist dies nicht einfach. Wir streben einen ausgezeichneten Dienst an und stellen uns den Herausforderungen. Wir wissen, dass wir nicht zögern dürfen. Wir wissen, dass wir nicht straucheln dürfen. Durch unsere Verpflichtung streben wir danach, gute Leistungen zu erbringen – um unserem Volk und unseren Gemeinschaften besser zu dienen.

Wie wichtig sind Auszeichnungen und Anerkennungen wie der Galing Pook Award für die Menschen in Kauswagan?

Wir wollten gewinnen, aber wir hatten keine großen Erwartungen. Die Anerkennung, die wir durch den Preis erhalten haben, war für unsere Mitarbeiter entscheidend. Es war eine Bestätigung für unsere Bemühungen, die uns zeigte, dass wir auf dem richtigen Weg sind, unsere Gemeinden umzugestalten. Ich war sehr stolz, nicht nur als Gemeindevorsteher, sondern auch auf das, was unsere LGU und unsere Bürger erreicht haben, und auf die Auswirkungen, die unsere Bemühungen auf das Leben vieler Menschen haben. Nachdem wir den Galing Pook Award gewonnen hatten, wurde alles noch größer. Wir bekamen viel mehr Vertrauen in unsere Programme und das hat uns dazu gebracht, noch aktiver zu sein. Wir engagierten mehr Menschen und gewannen mehr Partner für Frieden und Entwicklung und bis heute wachsen wir weiter. Ich lade alle Kommunalverwaltungen des Landes ein und ermutige sie, mit Programmen, die sich positiv auf das Leben in ihrem Wahlkreis ausgewirkt haben, an den Galing Pook Awards teilzunehmen. Suchen Sie nach Programmen, die nachhaltig sind und nachgeahmt werden können; Programme, die eine Brücke zwischen Führung und einer guten, ethischen, rechenschaftspflichtigen und transparenten Verwaltung schlagen.

Was hat sich in den letzten zehn Jahren entwickelt?

Wir haben unsere Dorfbewohner für eine massive Lebensmittelproduktion mobilisiert. In allen 13 Dörfern von Kauswagan haben wir Gemeinschaftsgärten angelegt, die von den Menschen selbst verwaltet werden. Natürlich haben wir sie dabei unterstützt und ihnen geholfen, sich zu organisieren. Es gibt funktionierende, lokale Bauernverbände und wir haben einen kommunalen Fischerei- und Landwirtschaftsrat ins Leben gerufen. Das sind Volksorganisationen, die die Aufgabe haben, bei der Sicherstellung einer großflächigen Nahrungsmittelproduktion zu helfen. Kauswagan hat sich zu einer resilienteren und proaktiveren Gemeinde mit fleißigen Menschen entwickelt.

Welche Herausforderungen gab es bei der Einführung eines kommunalen Gesetzes, das Familien verpflichtet, einen eigenen Gemüse- oder Hinterhofgarten anzulegen?

Am Anfang haben nicht viele Familien verstanden, warum wir das tun müssen. Aber heute erkennen die Menschen, wie wichtig ein Hausgarten ist. Die Menschen danken uns jetzt dafür, dass wir sie vor einigen Jahren dazu aufgefordert haben, diese Gärten anzulegen. Als die Pandemie den Planeten heimsuchte, hatten viele unserer Gemeinden direkten Zugang zu Lebensmitteln, als die Märkte und Geschäfte geschlossen waren.

Wie sind die Kauswaganer während der Covid 19-Lockdowns zurechtgekommen?

Die Lockdowns schränkten die Bewegungsfreiheit der Menschen ein und beeinträchtigten die Lieferung und den Zugang zu Lebensmitteln erheblich. Viele Familien auf den Philippinen mussten hungern. Die Kommunalverwaltungen waren gefordert und alle taten ihr Bestes, um ihre Bürger zu unterstützen. Auch die nationale Regierung weitete ihre Unterstützung aus, damit die Kommunalverwaltungen die dringend benötigte Hilfe leisten konnten. Wir fanden einen Weg, 6.000 Säcke Reis an die Haushalte in Kauswagan zu verteilen, zusätzlich zu der von den Barangay-Räten bereitgestellten Hilfe. Das war eine praktische Lebensmittelhilfe für alle. Für eine durchschnittliche Familie reichte ein 25-kg-Sack Reis für zwei bis drei Wochen. In den folgenden Monaten führten wir den sogenannten „biologischen mobilen Palengke“ oder „mobilen Marktplatz“ ein. Während die Menschen in ihrer Bewegungsfreiheit eingeschränkt waren und es keine Lebensmittelläden gab, brachten wir den mobilen Marktplatz zu einem niedrigen Preis direkt vor ihre Haustür. Als viele Teile des Landes abgeriegelt waren, hatten unsere Leute dennoch Zugang zu frischem Gemüse und landwirtschaftlichen Erzeugnissen. Auch ihre Hausgärten lieferten Nahrungsmittel für die weiteren Tage der Quarantäne.

Sind starke Partnerschaften unerlässlich, um eine solide Grundlage für Frieden, Entwicklung und Nachhaltigkeit zu schaffen?

Die Gemeinde Kauswagan stellte zwar finanzielle Mittel aus ihrem Jahreshaushalt für das Programm „From Arms to Farms“ zur Verfügung, aber es gab auch ermutigende Unterstützung von unseren Partnern. Alle Bemühungen führten zu positiven und günstigen Ergebnissen für Kauswagan. Wir erhielten zahlreiche Anerkennungen auf nationaler und internationaler Ebene. Das „From Arms to Farms“-Programm wurde von der United Cities and Local Governance (UCLG) in Bogota, Kolumbien, mit dem Friedenspreis 2016 ausgezeichnet und auch von der Ernährungs- und Landwirtschaftsorganisation der Vereinten Nationen anerkannt.

Können Sie die lokalen Anerkennungen der LGU Kauswagan nennen?

Auf lokaler Ebene sind wir durchweg anerkannt worden. Mit Ausnahme des Jahres 2018 haben wir von 2014 bis 2019 durchgehend das Siegel für gute Kommunalverwaltung des Innenministeriums und das Siegel für gute Haushaltsführung der Kommunalverwaltungen erhalten.

Welche anderen wertvollen Lektionen haben Sie als Ortsvorsteher gelernt?

Nachdem ich mehr als zehn Jahre lang experimentieren und herausfinden konnte, was in unserem Umfeld machbar und praktikabel ist, sehe ich den Nutzen der Anpassungsfähigkeit bei der Bewältigung dieser Veränderungen. Wo es Risiken und Instabilität gibt, ist es wichtig, dass Führungspersönlichkeiten Verantwortung übernehmen. Wir stellen uns weiterhin all diesen Herausforderungen und versuchen durch unsere Bemühungen, das Leben auf der Erde zu erhalten.

Was hat Kauswagan an dem Programm „Balik Probinsiya, Bagong Pag-Asa" der vorherigen Regierung gefallen?

Wir waren begeistert von der Idee, dass unsere kleine Stadt, eine Gemeinde der fünften Einkommensklasse in diesem Teil von Nord-Mindanao, die Möglichkeit hatte, unsere kleinen Erfolge zu präsentieren, die das Leben unserer Wähler verbessert haben. Es war auch eine Gelegenheit, unseren philippinischen Brüdern und Schwestern zu zeigen, was wir unseren Bürgern bieten können.

Welchen Zusammenhang sehen Sie zwischen dem Programm „Balik Probinsiya, Bagong Pag-Asa" und dem Kauswagan-Modell?

Als wir von den Absichten und Zielen des Programms „Balik Probinsiya, Bagong Pag-Asa" (BP2) erfuhren, wussten wir sofort, dass das von uns entwickelte Kauswagan-Modell eine sehr gute Regierungsvorlage sein könnte, die die lokale Ausführung von Regierungsdiensten verbessern wird. Die Idee, mit diesem neuen Dorf eine neue Gemeinde zu gründen, gibt uns die Möglichkeit, das zu wiederholen, was wir vor mehr als zehn Jahren begonnen haben, und mit dieser Initiative eine ideale Gemeinde zu schaffen. Wir werden diese Gelegenheit, dass sich alle Regierungsbehörden auf uns konzentrieren, nutzen, um zu zeigen, was wir bereits für unsere Landsleute getan haben, und um zu diskutieren, wie wir dies durch BP2 noch steigern können. Wie ich bereits sagte, sind wir davon überzeugt, dass wir in den letzten zehn Jahren eine lokalisierte Vorlage entwickelt haben, die sich mit den entscheidenden Fragen und Anliegen unserer Bürger befasst, nicht nur mit der Erbringung staatlicher Dienstleistungen, sondern auch mit der Verhaltensänderung unserer Wähler durch unsere Vision einer nachhaltigen Entwicklung und Ernährungssicherheit in Kauswagan.

LANDWIRTSCHAFT UND NACHHALTIGKEIT

Können Sie von den kleinen Schritten berichten, die von den lokalen Gemeinschaften unternommen wurden und zu größeren Fortschritten führten?

Kleine Einheiten oder Organisationen neigen dazu, kleine Schritte zu machen, und mit der richtigen Planung und den richtigen Durchführungsmechanismen können wir eine gewisse Wirkung auf größere Einheiten und die Gesellschaft ausüben. Ich glaube, genau das hat in unserer Heimatstadt stattgefunden. SIKAD PA ist ein von der Gemeinde getragener Entwicklungsplan, der dazu beigetragen hat, einen Geist des Zusammenwirkens zwischen den Beteiligten und den Finanzierungsinstitutionen zu stärken. Unser Ansatz bei der Planung und Budgetierung trug dazu bei, die Moral der armen Wähler zu stärken, insbesondere in den ärmsten Barangays. Wir haben selbst die entlegensten Barangays erreicht, und auf diese Weise wurden die Stimmen der Menschen gehört und ihre Träume verwirklicht. Durch die kleinen Schritte, die wir unternahmen, entstand das Programm „From Arms to Farms", das vor allem den Weg für eine nachhaltige Landwirtschaft und Ernährungssicherheit ebnete. Um das Projekt gut planen und durchführen zu können, mussten wir alle Beteiligten in der Gemeinde zusammenbringen. Indem wir die genauen Bedürfnisse der Menschen ermittelten und die vorhandenen sowie die zu schaffenden Möglichkeiten aufzeigten, konnten wir die Landschaft von Kauswagan verändern. Wir haben Strategien entwickelt, die speziell auf die Bedürfnisse der Menschen und der Gemeinschaften, in denen sie leben, abgestimmt sind.

Welche Bereiche der Gemeinschaft haben Sie ursprünglich für SIKAD PA erschlossen?

Wir haben mit den Gemeinderatsführern und den bestehenden Volksorganisationen zusammengearbeitet, um herauszufinden, was gebraucht wird und was getan werden kann. Um bei unseren Bauern Kapazitäten zu schaffen, arbeiteten wir auch mit der nationalen Regierung zusammen, die uns über nationale Agenturen wie das Agriculture Training Institute unterstützte. Unter der Leitung und mit Unterstützung der Assisi Development Foundation, Inc. konnten wir unsere Reichweite innerhalb lokaler Netzwerke ausweiten und weitere Gemeinden und Stadtbewohner für unsere Programme in SIKAD PA gewinnen. Als das „From Arms to Farms"-Programm ins Leben gerufen wurde, hatten wir die Möglichkeit, mit führenden Kämpfern der MILF in Kontakt zu treten, die sich in einer informellen Vereinigung von Anführern zusammengeschlossen hatten. Sie wurden zu unseren Schlüsselfiguren und trugen immens zum Erfolg unserer Programme bei, indem sie andere kämpfende Anführer und deren Familien zu uns brachten.

Warum ist Konvergenz ein Schlüssel zur nachhaltigen Entwicklung?

Wir glauben, dass Konvergenz der Schlüssel zur Erreichung einer nachhaltigen Entwicklung ist. Wenn die betroffenen Sektoren der Gesellschaft und ihre Ziele und Strategien aufeinander abgestimmt sind, kann dies zu großem Erfolg führen. Aufgrund der miteinander verknüpften Herausforderungen, mit denen die Kauswaganer konfrontiert sind, brauchten wir einen ganzheitlichen Ansatz, um die Bedürfnisse der Menschen zu erfüllen. Durch die Integration verschiedener Sektoren und Sichtweisen mussten wir sicherstellen, dass unsere Politik und Maßnahmen die breiteren Auswirkungen und die damit verbundenen Kompromisse berücksichtigen. Dies schuf auch Möglichkeiten für Synergieeffekte. Durch die Zusammenarbeit mit den lokalen Behörden, der Gemeinde und den Hilfsorganisationen konnten wir unser Fachwissen, unsere Ressourcen und unsere Kenntnisse bündeln, um mehr Effizienz zu erreichen. Unsere Zusammenarbeit führte uns zu nachhaltigeren Lösungen mit besseren Ergebnissen. Wahrscheinlich werden auch in Zukunft noch viele Fragen zu den Themen Nachhaltigkeit, Ernährungssicherheit, Regeneration und ökologischer Landbau aufkommen – was funktioniert am besten und was läuft nicht gut – und eine einzelne Gruppe hat vielleicht nicht die richtige Antwort. Außerdem erwarten wir neue Erkenntnisse und die Möglichkeit, bewährte Verfahren an anderen Orten oder in anderen Gemeinschaften und sogar in anderen Ländern kennenzulernen. Und genau hier kommt das Wesen der Konvergenz ins Spiel.

Was ist die gemeinsame Verpflichtung aller Beteiligten?

Wir werden auch weiterhin Zeugnis davon ablegen, wie unsere Bevölkerung und unsere Gemeinden sowie die Regierung und der private

Sektor zusammengearbeitet und einen nahtlosen Zyklus zur Entwicklung und Umsetzung wirksamer Strategien entwickelt haben. Wir sind uns auch des Engagements unserer Provinz- und Landesregierungen sicher, die unsere Programme weiterhin unterstützen werden. Seit dem Republic Act 10068 und dem Republic Act 11511 wissen wir, dass unser Land eine große Zukunft in der ökologischen Landwirtschaft hat. Mit diesen Maßnahmen werden nun alle lokalen Regierungseinheiten ermutigt, ihre eigene Agenda für die Lebensmittelproduktion durch ökologische Landwirtschaft zu entwickeln, und wir hoffen weiterhin, dass mehr lokale Führungskräfte dies zu einer Priorität machen werden.

Wie wichtig ist die Gründung der World Alliance for Organic Districts?

Sie ist sehr zeitgemäß und notwendig. Die anschließende Erweiterung, die die Türen für das Engagement weiterer, wichtiger Partner öffnete, stärkt unsere Interessenvertretung. Wir bündeln jetzt unsere Kräfte, so dass es den Rest der Welt beeinflussen wird, da wir die Möglichkeit haben, Wissen und bewährte Verfahren auszutauschen und neue Erkenntnisse von Organisationen auf der ganzen Welt, einschließlich lokaler Regierungen, zu gewinnen.

Welche Rolle spielen die Gemeinden bei der Nachhaltigkeit?

Unsere Leute müssen ihre eigenen Lösungen für die Probleme finden, die sie heute und in Zukunft haben werden. Lösungen, die in ihrer Reichweite liegen, Lösungen, die sie selbst in der Hand haben. Und all das ist möglich, wenn wir uns unter dem Dach einer starken Allianz der Regeneratoren der Welt zusammenschließen. Unsere Gemeinschaften sind wesentliche Akteure bei der Verwirklichung von Nachhaltigkeit. Durch unser lokales Handeln, unsere Zusammenarbeit und unsere Bildungsarbeit wollen wir unsere Gemeinschaften aufbauen und stärken. Unser Ziel ist die Stärkung der Resilienz, damit unsere Gemeinschaften zur Schaffung einer nachhaltigeren Zukunft beitragen. Ihre kollektiven Bemühungen und ihr Engagement sind für die Bewältigung von Herausforderungen und die positiven Veränderungen an der Basis von entscheidender Bedeutung.

Was ist der ökologische Landbau von Kauswagan und ist er das Kernstück des Programms „From Arms to Farms"?

Es geht um Ernährungssuffizienz. Bei der Ernährungssuffizienz kann man sich nicht auf Chemikalien verlassen, es darf keine chemische Landwirtschaft geben. Wenn man Chemikalien in der Lebensmittelproduktion einsetzt, wird das uns alle umbringen. Wir merken es nur nicht, bis wir sie essen. Sogar die Früchte der Mangobäume, die man mit Chemikalien besprüht, absorbieren das Gift, und die Menschen essen sie. In Kauswagan haben wir uns verpflichtet, die gesetzlichen Bestimmungen einzuhalten. Unsere Bemühungen stehen in vollem Einklang mit den Bestimmungen des Republic Act 10068 oder des Organic Agriculture Act von 2010, geändert durch den Republic Act 11511. Unsere Bemühungen sind vollständig darauf ausgerichtet, die biologische Vielfalt zu verbessern, die biologische Aktivität des Bodens zu erhöhen und die Bodenfruchtbarkeit langfristig zu erhalten.

Alle unsere Programme stehen unter dem Motto „From Arms to Farms". Kauswagan ist friedlich geworden, weil MILF und MNLF profitieren, und zwar sowohl Kapitulanten als auch aktive Mitglieder. Die Gruppe von „From Arms to Farms" wurde gegründet, als man merkte, dass der neue Bürgermeister von Kauswagan neue Strategien verfolgte und den Rebellen half. So kamen viele Menschen zu unseren Beratungstreffen und Schulungen zum Kapazitätsaufbau. Einige der ehemaligen MNLF-Führer gaben an, dass sie sehr verärgert über die Regierung waren, weil die Versprechen früherer Vereinbarungen nicht eingehalten wurden, darunter die Bereitstellung von landwirtschaftlichen Geräten, Solartrocknern und einem Bereich, in dem sie ihren Mais trocknen können. Die Assisi-Stiftung hat diese Versprechen schließlich erfüllt und dazu beigetragen, dass Kauswagan innerhalb von zwei Jahren zu einem Friedenszentrum wurde. Im ersten Jahr mit Assisi wurde eine beträchtliche Summe für diese Projekte ausgegeben. Andere Partner sahen die effektive Umsetzung dieser Programme und boten finanzielle Unterstützung an. Die Projekte im Rahmen von „From Arms to Farms" florierten, da die Begünstigten im Laufe des Jahres dabei unterstützt wurden, ihre Fähigkeiten weiterzuentwickeln.

Wie kann die Jugend für die Landwirtschaft gewonnen werden?

Wir glauben, dass die Mechanisierung der Landwirtschaft die Antwort auf die Forderung des damaligen Präsidenten Rodrigo Duterte nach massiver Nahrungsmittelproduktion und Nachhaltigkeit ist. Ich glaube, dass der Einsatz von Technologie mehr junge Menschen dazu bringen wird, sich in der Landwirtschaft zu engagieren. Die traditionelle Praxis der Landwirtschaft mit traditionellen Pflugwerkzeugen und dem alten Carabao (dem Wasserbüffel) kann dem Bedarf an massiver Produktion nicht mehr gerecht werden, besonders wenn die Landwirte immer älter werden. Nach Angaben des philippinischen Instituts für Entwicklungsstudien liegt das Durchschnittsalter unserer Landwirte bei 57 Jahren. Das ist zwar ein erstrebenswertes Alter, aber gleichzeitig wollen wir unsere Jugend miteinbeziehen. Unsere Gemeinschaftsschule, die Dona Laureana Rosales School for Practical Organic Agriculture, hat entscheidend dazu beigetragen, unsere Bauern auf die Zukunft vorzubereiten.

Was kann noch getan werden, um die nachfolgende Generation zu stärken?
Wir müssen unsere Jugend fördern. Die Jugend sind die prägenden Jahre des Lebens, in denen sich das Mindset formt. Viele wurden bereits zum Besseren beeinflusst, aber ich denke, wir müssen noch mehr tun. Sie müssen in unsere Arbeit für eine nachhaltige Entwicklung einbezogen werden. Ihr volles Engagement und ihr Verständnis für die ökologische Landwirtschaft sind der Schlüssel zur Erhaltung des Lebens auf der Erde in der Zukunft.

Welche Lehren wurden aus der COVID 19-Pandemie gezogen?
Die Bedrohung der öffentlichen Gesundheit, die durch COVID 19 in die Welt getragen wurde, beantwortete verblüffenderweise einige Fragen, die vor zwölf Jahren aufgeworfen wurden, als wir mit der Vision einer nachhaltigen Entwicklung und Ernährungssicherheit begannen. Wir waren vorbereitet. Unsere Haus- und Gemeinschaftsgärten versorgten die Familien in den Zeiten, in denen unsere Städte und Gemeinden im Lockdown waren, wodurch Geschäfte, Marktplätze und die Lebensmittelproduktion litten.

Welche Auswirkungen hatte die COVID 19-Pandemie auf das Ernährungssicherungsprogramm von Kauswagan?
Ich glaube, dass wir zwar überlebt haben und uns jetzt an die neue Normalität anpassen, aber wir hätten als Land viel besser vorbereitet sein können, was die Nahrungsmittelproduktion und die Bemühungen um Nachhaltigkeit angeht.

Wie setzen Sie moderne landwirtschaftliche Geräte mit Erfolg gleich?

Wenn wir von der traditionellen Methode abweichen, indem wir unseren eigenen Landwirten die Wunder der modernen technischen Ausrüstung in unseren Betrieben zur Verfügung stellen, könnten wir mehr Erfolge erzielen und die Landnutzung voll ausschöpfen.

Wie wird Kauswagan den ermutigenden Aufwärtstrend beibehalten?

Unsere Prioritäten sollten von nun an darauf ausgerichtet sein, das Leben unter extremen Umständen und Bedingungen zu erhalten, mit denen wir in Zukunft konfrontiert werden könnten. Unser Engagement für die Stärkung der Ernährungssicherheit auf dem Lande ist von größter Bedeutung, um das Leben der kommenden Generationen zu sichern. Zu unseren Zielen muss die Ausweitung von Initiativen gehören, die mehr und mehr Menschen, ob jung oder alt, über die Bedeutung der Rolle jedes Einzelnen bei der Ernährungssicherheit und Nachhaltigkeit aufklären.

Abgesehen von den aktiven Partnern der Kommunalverwaltung von Kauswagan, welche anderen Gruppen verdienen Dank und Anerkennung?

Ich begrüße die Bemühungen des National Organic Agriculture Board (NOAB) und des National Organic Agriculture Program – National Program Coordination Office (NOAP-NPCO) des Landwirtschaftsministeriums, Plattformen, Prioritäten, Strategien und Richtlinien zu schaffen, die Führungspersönlichkeiten und Gemeinschaften darin bestärken, neue Wege zur Nachhaltigkeit zu beschreiten. Diese Organisationen stehen an vorderster Front, wenn es darum geht sicherzustellen, dass die Intentionen des Gesetzes über den ökologischen Landbau in großem Umfang umgesetzt werden, um die Nahrungsmittelsicherheit auf den Inseln zu gewährleisten.

Was brauchen die Menschen außer Übung und Bildung noch?

Die Menschen müssen nicht nur über die großen Vorteile der ökologischen Landwirtschaft aufgeklärt werden, sondern sie müssen sich auch engagieren und an der Entwicklung lokaler und nationaler Strategien für die Lebensmittelproduktion beteiligt werden. Wir brauchen unsere Gemeinden, um nachhaltig zu wirtschaften, aber wir brauchen auch unsere Bürger, die sich an diesen Bemühungen beteiligen. Indem wir die ökologische Landwirtschaft und unsere Bemühungen um Nachhaltigkeit in den Vordergrund stellen, helfen wir unseren Bürgern, Lösungen für ihre heutigen und auch für künftige Probleme zu finden. Es sind Lösungen, die machbar sind, Lösungen, die sie selbst in der Hand haben.

Können Sie uns etwas über die starken Partnerschaften erzählen, die die lokale Regierung von Kauswagan aufgebaut hat und die, wie Sie immer wieder betonen, ein starkes Fundament für Frieden, Entwicklung und Nachhaltigkeit bilden?

Zunächst stellte die Gemeinde Kauswagan Mittel aus ihrem Jahreshaushalt für das Ernährungssicherungsprogramm „From Arms to Farms", technische Unterstützung, Gemeindeorganisation, Transparenz, Rechenschaftspflicht und gute Regierungsführung bereit. Die lokale Verwaltung und die Dynamiken innerhalb der Exekutive und Legislative spielten eine entscheidende Rolle. Das Landwirtschaftsministerium stellte über das Agriculture Training Institute (ATI) Schulungen, technische Hilfe und finanzielle Unterstützung bereit. Das Ministerium für Handel und Industrie (DTI) leistete ebenfalls technische Hilfe bei der Ausbildung in den Bereichen Lebensunterhalt und Produktvermarktung. Auch der Privatsektor trug seinen Teil bei. Wir erhielten massive finanzielle und technische Unterstützung, Hilfe für eine effektive Gemeindeorganisation und ein partizipatives Überwachungs- und Bewertungssystem von der Assisi Foundation sowie Stipendien für ökologische Landwirtschaft für rückkehrende Rebellen und ihre Kinder im Rahmen des Agripreneurship-Programms der Meralco Foundation's Molding Futures Innovators Initiative. Die Technical Education and Skills Development Authority (TESDA) unterstützte uns mit Kurzkursen in der örtlichen, staatlichen Dona Laureana Rosales School for Practical Organic Agriculture und bot akkreditierte Kurse in Landwirtschaft an.

Die philippinische Armee leistete ebenfalls Unterstützung im Bereich Frieden und Sicherheit, indem sie den Rebellen die Rückkehr durch das Programm „From Arms to Farms" erleichterte. Andere nationale und lokale Regierungsstellen weiteten ihre Unterstützung in Form von Netzwerken aus, um die Rechtsprechung zu erleichtern und sicherzustellen, dass diese ordnungsgemäß durchgeführt wird.

Die Vereinten Nationen haben durch das Welternährungsprogramm (WFP) ein Nahrungsmittel-für-Arbeit-Hilfsprogramm eingeführt, um die Kapazitätenentwicklung zu fördern.

Ein wichtiger Partner ist auch die Kauswagan Rebel Returnees Association, deren Mitglieder sich verpflichtet haben, für „From Arms to Farms" zu arbeiten.

FRIEDEN UND ORDNUNG

Um den Weg des Friedens beschreiten zu können, mussten wir eine völlige Kehrtwende in Bezug auf den öffentlichen Dienst, die Regierungsführung, die Befähigung der Gemeinden und die Entwicklung vollziehen.

Wie hat das SIKAD PA-Programm die Würde der Kauswaganer und ihr öffentliches Vertrauen wiederhergestellt?

Wir glauben, dass die Ursachen des Konflikts in Kauswagan auf Armut und Hunger zurückzuführen sind. Die einzige Möglichkeit, diesen Konflikt zu lösen, bestand darin, das Problem der Armut, der begrenzten Möglichkeiten und des eingeschränkten Zugangs zu Lebensmitteln und öffentlichen Dienstleistungen gezielt anzugehen. Um den Weg des Friedens beschreiten zu können, mussten wir eine völlige Kehrtwende in Bezug auf den öffentlichen Dienst, die Regierungsführung, die Befähigung der Gemeinden und die Entwicklung vollziehen. Durch die Elemente der SIKAD PA haben unsere Gemeinden neue Hoffnung geschöpft. Die Familien, die sich inmitten von Konflikten in einem unsicheren Umfeld befanden, sehen die Veränderungen. Die Menschen erkennen, wie sie direkt von unseren Programmen profitieren.

Was waren die Ziele, die die SIKAD PA im Hinblick auf Frieden und Ordnung erreichen wollte?

In erster Linie ging es darum, die Würde der Menschen in Kauswagan wiederherzustellen und das Vertrauen der Öffentlichkeit zurückzugewinnen. Angesichts der anhaltenden Probleme in Bezug auf Frieden und Sicherheit, die in der Vergangenheit nie angegangen wurden, mussten wir Maßnahmen ergreifen, die direkt die Ursachen für die Frustrationen der Menschen, die zu bewaffneten Konflikten und Gewalt führten, angehen. Zu unseren Zielen und Bemühungen gehörte es, die Kämpfer durch friedliche Koexistenz, Vertrauen, Zuversicht und Einheit wieder in die Zivilbevölkerung bzw. Gesellschaft einzugliedern. Außerdem vermittelten wir ihnen ihre Vernantwortung und ihre Rolle beim Abbau der Gewaltkultur und bei der Förderung einer neuen

Kultur des Friedens. Wir sprachen Fragen der Ernährungssicherheit an – dass durch unsere Bemühungen und Zusammenarbeit Lebensmittel verfügbar sein werden. Und schließlich sorgten wir für einen breiteren Zugang zu Bildung, Gesundheit und anderen grundlegenden Dienstleistungen. Wir mussten dafür sorgen, dass unsere Strategien vollständig integriert und ganzheitlich sind.

Was denken Sie über den allgemeinen Eindruck der Menschen auf Luzon und den Visayas in Bezug auf die Berichte über eine instabile Situation von Frieden und Ordnung in diesem Teil von Mindanao?

Das Klima der Angst war der Grund, warum ich aus Kauswagan weggegangen bin. Und wenn Sie in einem Gebiet leben müssen, in dem Angst herrscht, wie soll Ihr Leben dann weitergehen? Es ist unmöglich. Wenn ich sage, Frieden und Ordnung sind ein Indikator für Entwicklung, dann kann ich dafür bürgen, dass dies jetzt der richtige Ort ist. Ich habe allen gesagt, dass man nach Kauswagan gehen muss, wenn man die friedlichste Gemeinde auf den Philippinen sehen will. Früher wurde Soldaten von Luzon von ihren Eltern gesagt: „Gehst du nach Mindanao? Dort ist es turbulent. Lasst euch nicht dorthin versetzen." Das ist jetzt anders, sie bringen sogar ihre Familien mit, wenn sie in Lanao del Norte eingesetzt werden.

Wie hoch ist die durchschnittliche monatliche Kriminalitätsrate in Kauswagan?

Fast null. Wir haben eine Kontaktverbotsverordnung eingeführt und die Stadt ist überall mit hochauflösender Videoüberwachung ausgestattet.

Wie friedlich ist Kauswagan jetzt?

Leider wird Gewalt mit Lanao del Norte gleichgesetzt. Wir haben zwei Lanao-Provinzen, Lanao del Sur und Lanao del Norte, und ich kann nur für Lanao del Norte sprechen. Im Vergleich ist es hier sehr, sehr friedlich. Sehr friedlich – die ganze Provinz. Es mag einige sporadische Bedrohungen für Frieden und Ordnung geben, die durch Rido (Familienfehden) verursacht werden, was eher eine kulturelle Sache unter den Meranaos ist. Dagegen wird aber bereits vorgegangen. Ständig gibt es Einigungen und Prävention. In Kauswagan ist es im Vergleich zu anderen Gegenden sehr ruhig. Ich kann nur für die umliegenden Gebiete sprechen, wo die Zahl der schweren Straftaten auch stark zurückgegangen ist.

Herrscht in Lanao immer noch ein Klima der Angst vor muslimischem Sezessionismus?
Sie existiert nicht mehr, weil wir sie bereits in die Regierung integriert haben. Die Moro Islamic Liberation Front ist durch die Schaffung der autonomen Region Bangsamoro in Muslim Mindanao bereits wieder Teil der Regierung. Und was hier in Kauswagan getan wurde, soll wirklich die Grundlagen für dauerhaften Frieden und Entwicklung schaffen. Wenn man die Maslowsche Bedürfnishierarchie als Maßstab nimmt, wurden die physiologischen Bedürfnisse, Sicherheit, Liebe und Zugehörigkeit, Wertschätzung und Selbstverwirklichung bereits auf kommunaler Ebene angegangen.

Was ist das Kauswagan-Versprechen?
Das ist das Versprechen des Programms „From Arms to Farms", das als Teil der Nachhaltigkeit institutionalisiert wurde. Es hat nicht nur hier im Lande, sondern auch international Anerkennung gefunden. Es ist ein Vorbild, wie eine Gemeinde wie Kauswagan sich aus der Asche des Krieges erhebt.

Wie zuversichtlich sind Sie, dass das System, das Sie eingerichtet haben, überleben wird?
Wir haben einen Mechanismus geschaffen, der auf der Förderung und dem Schutz der Menschenwürde beruht. Nun, es ist eine tiefgreifende Transformation von einem Kämpfer zu einem Landwirt. Das bedeutet, dass die Menschenwürde bei diesem Programm an erster Stelle steht. Ich denke, wenn Sie das mit Selbstverwirklichung gleichsetzen, ist das, wenn ich auf Maslow zurückkomme, jetzt der Gipfel. Ich werde also gerne abtreten.

Was denken Sie über gewalttätigen Extremismus?
Lassen Sie mich Ihnen ganz kurz den Hintergrund unseres Verständnisses von gewalttätigem Extremismus erläutern. Das Thema wird als sehr breit gefächert angesehen, und wenn man darüber spricht, wie man ihn bekämpfen oder verhindern kann, sind nicht nur ein

starker politischer Wille und enorme Ressourcen erforderlich, sondern auch eine massive Zusammenarbeit zwischen den Akteuren in der Regierung, dem privaten Sektor und den Gemeinden. Selbst die Vereinten Nationen erklärten, dass es keinen universellen Konsens darüber gibt, wie gewalttätiger Extremismus bekämpft oder verhindert werden kann. Das Büro der Vereinten Nationen für Drogen- und Verbrechensbekämpfung (UNODC) definiert die Bekämpfung von gewalttätigem Extremismus durch den „Einsatz von Mitteln ohne Zwang, um Einzelpersonen oder Gruppen davon abzuhalten, sich für Gewalt zu mobilisieren, und um die Rekrutierung, Unterstützung, Erleichterung oder Beteiligung an ideologisch motiviertem Terrorismus durch nichtstaatliche Akteure zur Förderung politischer Ziele zu vermindern".

Wie kann man Ihrer Meinung nach auf der Grundlage der Definition des UN-Büros für Drogen- und Verbrechensbekämpfung gegen gewalttätigen Extremismus vorgehen?

Bekämpfung von gewalttätigem Extremismus kann Folgendes umfassen: erstens die Durchführung weitreichender Aktivitäten durch Regierungen und andere Stellen zur Verhinderung von Radikalisierung; zweitens die Einbindung der Gemeinschaft und die Kontaktaufnahme mit allen verfügbaren Mitteln; drittens den Aufbau von Kapazitäten, insbesondere bei Jugendlichen und Frauen, zusammen mit anderen Initiativen zur Entwicklung der Gemeinschaft, zur Sicherheit und zum Schutz; und viertens die Aus- und Weiterbildung eines breiten Spektrums von Akteuren, einschließlich führender Persönlichkeiten der Gemeinschaft und Strafverfolgungsbeamten.

Bei diesen vier vorgestellten Bereichen glaube ich, dass wir diese Maßnahmen in Kauswagan auf die eine oder andere Weise und darüber hinaus genutzt haben.

Die damalige Vizepräsidentin Leni Robredo war Zeugin der Bekämpfung von gewalttätigem Extremismus in Kauswagan. Wie hat sie die Initiativen der lokalen Regierung unterstützt?

Die damalige Vizepräsidentin Robredo war beeindruckt davon, wie Kauswagan, einst Kriegsgebiet, sich aus der Asche des Krieges erheben konnte und sich in eine voll produktive, ökologische Landwirtschaftsgemeinde umwandelte. Wir erhielten vom Büro der Vizepräsidentin eine lokale Existenzhilfe in Höhe von zwei Millionen Pesos für Ausbildungsmaßnahmen im Rahmen des „From Battleground to Schoolground Program“, das unter dem Dach des international anerkannten „From Arms to Farms“-Programms von Kauswagan steht.

Wie haben Sie das in Kauswagan gemacht?
Wir haben durchaus Erfolgsgeschichten zu erzählen. Um auf die Worte der damaligen Vizepräsidentin Robredo zurückzukommen: Sie hofft, dass die Erfahrung von Kauswagan ein Vorbild für viele Kommunalverwaltungen im Land wird.

Was halten Sie von Demokratie?
Demokratie ist nicht absolut. Die Menschen denken, dass die Vereinigten Staaten ein demokratisches Land wären, dabei gibt es so viele Einschränkungen. Demokratie bedeutet, dass man die Freiheit hat, Dinge legal zu tun; es gibt keine Demokratie, wenn man Dinge illegal tut. Es heißt, auf den Philippinen gebe es zu viel Demokratie. Das ist nicht wahr. Nun, solange man seine Dinge legal tut, ist das die Demokratie.

Sind Sie jemals eingeschüchtert?
Ja, ich bin immer eingeschüchtert. Deshalb schaue ich mir in dieser Verwaltung nie an, was andere Kommunen machen, weil ich eingeschüchtert bin. Wir machen einfach weiter, wir tun dies und wir tun das. Andere Bürgermeister würden ihre Amtskollegen fragen: „Habt ihr dies getan? Habt ihr das getan?“ Es ist immer wie ein Wettbewerb. Das ist nicht mein Ding. Ich weiß nicht einmal, was sie treiben. Ich finde, man gibt einfach sein Bestes und merkt dann irgendwann, wenn man es besser als die anderen gemacht hat. Wir wollen nicht als Konkurrenten abgestempelt werden.

Gibt es etwas, das Sie getan haben, um den Jugendlichen Hoffnung zu schenken?
Alles, was ich tue, strahlt Hoffnung aus. Ein Beispiel ist unser Balay Silangan, wo wir Drogenabhängige rehabilitieren. Sie sind nur Opfer, keine Verlierer. Sie sind Opfer eines Krankheitsprozesses, der als Drogenabhängigkeit bekannt ist. Wir rehabilitieren sie und lassen sie zu neuen Bürgern heranwachsen. Durch dieses Programm geben wir

ihnen neue Hoffnung. Ich habe Balay Silangan für Drogenabhängige aus anderen Gebieten geöffnet. Mehrere Bürgermeister sind an mich herangetreten und haben mich gebeten, ihre drogenabhängigen Bürger in das Programm aufzunehmen. Hoffnung gibt es nicht nur für die Jugend von Kauswagan. Sie ist für jeden da, der Wandel und Reformation begrüßt.

Welche Möglichkeiten werden der Jugend von Kauswagan für die Zukunft geboten?
Zu den vielen Möglichkeiten gehört das Stipendium, das die lokale Regierung jungen Kauswaganern anbietet, die eine landwirtschaftliche Ausbildung absolvieren möchten. Dies steht im Einklang mit dem Ziel, genügend Lebensmittel für die Bevölkerung zu produzieren.

Warum nennen Sie es „Nahrungsmittelsuffizienz" und nicht „Reissuffizienz"?
Weil es bei uns um Nahrungsmittelsuffizienz geht. Wir essen neben Reis als Grundnahrungsmittel auch gemahlenen Mais.

Wie nah oder fern sind Sie der Reissuffizienz?
Wir sind nicht mehr weit entfernt, genug Reis zu haben. Unsere wichtigste Reissorte ist Dinorado. Gestern habe ich einen Betrieb im Hochland besucht, der mit der Sorte Dinorado bepflanzt ist. Es reizt mich, die gleiche Sorte auf meinem eigenen Hof anzubauen.

Warum gibt es keinen Grund, hungrig zu sein oder die Regierung dafür verantwortlich zu machen, dass man arm ist?
Hier in Kauswagan lehnen wir es nie ab, eine helfende Hand auszustrecken, auch wenn es um die Subventionierung von Farmen geht. Wenn Sie Landwirtschaft betreiben wollen, aber kein Ackerland haben, dann geben wir Ihnen Raum. Sie können die Traktoren der Stadt kostenlos nutzen, ebenso wie Treibstoff, die Dienste der Techniker, Saatgut und andere Betriebsmittel sowie organischen Dünger. Nur faule Menschen lehnen diese Hilfe ab. Wenn Sie arbeitslos sind, laden wir Sie ein, mit uns zu arbeiten. Wenn Sie die Landwirtschaft verabscheuen, können Sie nur sich selbst die Schuld geben. Armut ist ein Grund für Krieg. Anders als heute gab es für die Menschen in den abgelegenen Gebieten nie eine Chance.

Sind Sie pro-muslimisch?
Ja, weil ich pro-Mensch bin. Die Muslime wurden schon viele Jahrzehnte lang diskriminiert. Wenn sich die Regierung um sie gekümmert hätte, dann hätte es in Mindanao keine Konflikte und keinen Krieg gegeben. Jetzt geben wir ihnen einen Platz in der Regierung.

Glauben Sie nach drei Amtszeiten beziehungsweise neun Jahren als Bürgermeister, dass Kauswagan nun dauerhafte Werte hat, die die Gesellschaft haben sollte?
Ich glaube, ich habe hier fast alles gegeben. Jetzt, nach meiner letzten Amtszeit, bin ich bereit, die Arbeit des Bürgermeisters niederzulegen. Ich kann nicht genug betonen, was Kauswagan auf dem 6. Organic Asia Congress zu bieten hatte. Die Erfolgsgeschichte von Kauswagan ist ein lebendiges Zeugnis für das Mantra „walking the talk" (dt.: „Mit gutem Beispiel vorangehen") auf der nationalen und internationalen Bühne.

Was sind die Dinge, die Sie aufgegeben haben?
Familie, ...um ein Dienstleister für die Öffentlichkeit zu sein.

Bedauern Sie etwas?
Was ist das? Kann ich etwas bereuen? Ich habe es geschafft. Ich habe die Dinge, die ich verfolgt habe, nie bereut, auch nicht in den schlimmsten Schweirigkeiten. Ich glaube, alles geschah aus einem bestimmten Grund. Nichts auf dieser Welt geschieht zufällig. Man muss sein Urteilsvermögen nutzen, statt impulsive Entscheidungen zu treffen, vor allem wenn es um solche geht, die negative Auswirkungen und Folgen haben könnten.

Was ist Ihre größte Angst für Kauswagan?
Dass die Friedens- und Entwicklungsinitiativen für meine geliebte Stadt nicht aufrechterhalten werden.

Was sind nach einer langen Zeit in der Politik die wichtigsten Lektionen, die Sie einem angehenden Politiker ans Herz legen?
Vermeiden Sie Korruption. Ohne Korruption können Sie sich auf die Umsetzung vorrangiger Programme konzentrieren. Leider gibt es Politiker, deren Priorität darin besteht, das Geld zurückzubekommen, das sie während ihres Wahlkampfes für den Kauf von Stimmen

ausgegeben haben. Seien Sie nicht korrupt und lassen Sie sich nicht korrumpieren.

Gab es jemals Zeiten, in denen Sie das Gefühl hatten, dass es Ihnen reicht? Als Ihre Überzeugungen auf die Probe gestellt wurden?

Ja, sehr oft. Wenn Projekte mit Prüfungen überhäuft werden, mache ich einfach weiter, um sie so oder so zu erledigen, weil es eine Chance ist. Ich genieße alles, was ich tue, außer in den Zeiten, in denen ich mich bedrängt fühle. Zu wissen, was vor mir liegt, spornt mich noch mehr an, bewaffnet mit einem Bibelzitat, das besagt: „Gerechtigkeit siegt." Inspiration und Leidenschaft vertreiben Müdigkeit oder Erschöpfung. Wenn ich sehe, wie glücklich die Menschen sind und wie die kleinen Unternehmen ihren Lebensunterhalt verdienen, dann glaube ich, dass wir in der Kommunalverwaltung gute Arbeit geleistet haben.

Was sind die unfairsten Dinge, die über Sie gesagt worden sind?

Drei Dinge. Erstens, dass ich korrupt sei, weil ich reich geworden bin. Zweitens, dass das Geld, mit dem ich mein großes Haus in Cebu gekauft habe, aus der Gemeindekasse gestohlen wäre. Das ärgerte meine Frau, die sich auf die Bühne stellte, um der Gerüchteküche zu sagen: „Schämt euch! Wir waren schon reich, bevor mein Mann als Bürgermeister kandidierte." Drittens wurde ich beschuldigt, während des Wahlkampfs Reichtümer angehäuft zu haben. Beleidigend war der Vorwurf, dass meine Frau ihr Honorar als Präsidentin des Amtes für Seniorenangelegenheiten kassiere – ein Pro Bono-Job, den sie nach ihrer Pensionierung als Krankenschwester in den USA angenommen hatte. Ich weiß, dass dies zur Politik gehört, aber das habe ich persönlich genommen. Sie können so viel Schlechtes über mich sagen, wie sie wollen, aber nicht über meine Frau.

Wie wünschen Sie sich, dass die Geschichtsschreibung über Sie urteilt?

Von vielen als „lebende Legende" bezeichnet zu werden. Wenn man eine legendäre Person ist, hat man unter seiner Führung Bedeutendes geleistet. Als „legendärer Bürgermeister" ist man also ein Transformator.

Im Laufe der Jahre hatten Sie mit vielen politischen Gegnern zu tun. Hat sich Ihr grundsätzlicher Ansatz im Umgang mit ihnen verändert oder in irgendeiner Weise gemildert?
Ganz und gar nicht. Von Anfang an war ich ein sehr beständiger Mensch. Egal was sie tun, ich ändere mich nicht.

Wächst Kauswagan schnell?
Am 27. Dezember 2022 wurden wir als Nummer eins für ein atemberaubendes Wachstum von 423 Prozent der lokalen Ressourcenauswirkungen für 2021 ausgezeichnet. Wir waren die Nummer eins im ganzen Land in allen Klassifizierungen. Das ist mein Beweis dafür, dass Kauswagan sehr schnell wächst.

Welche anderen Alternativen kann Kauswagan schaffen, um erfolgreich zu sein?
Gute Regierungsführung, daneben biologische Landwirtschaft und Nahrungsmittelversorgung. Ich denke, man muss innovativer sein, zum Beispiel durch einkommenschaffende Programme, Kongresszentren und die Aufrechterhaltung von Frieden und Ordnung durch kontinuierliche Zusammenarbeit mit den Mitgliedern des Programms „From Arms to Farms“.

Was ist Ihre Definition eines echten Kauswagan-Bürgers?
Ein wahrer Kauswaganer hat sein Land, sein Haus und seine Toilette. Ein wahrer Kauswaganer hat den Kauswagan-Geist, Menschen in Not zu helfen, jederzeit und überall. Ein wahrer Kauswaganer ist ehrlich und wird Kauswagan nicht verraten. Ein wahrer Kauswaganer hält sich an die Führung der Regierung und schützt die Umwelt und Mutter Erde.

Welche Staatsmänner bewundern Sie am meisten?
Jesse Robredo. Ich sage immer, er war der beste Präsident, den wir je hatten. Er sagte, dass man als Bürgermeister für alles verantwortlich ist, was in der eigenen Stadt passiert. Das bleibt mir immer im Gedächtnis haften. Deshalb bin ich auch so neugierig. Jesse Robredo ist anders. Ich möchte das auf meine Art sein. Zum Beispiel innovativ das volle Potenzial einer Person ausschöpfen.

HUNGER UND KONFLIKTE

„Jeder Konflikt beginnt mit Armut und Hunger."

Rommel Arnado

Vorbemerkung: René Verhulst, gastgebender Bürgermeister der Gemeinde Goes, nutzte beim Jahreskongress des Verbands der niederländischen Gemeinden am 27. Juni 2017 die Gelegenheit, Rommel Arnado, der den ersten Preis der United Cities and Local Governments (UCLG) entgegennahm, wichtige Fragen zu stellen. Mit dem Gewinn des UCLG-Friedenspreises für das Programm „From Arms to Farms" setzten sich Rommel und Kauswagan gegen 32 mitbewerbende Länder durch.

Welche Auswirkungen hat der Gewinn des UCLG-Friedenspreises auf Ihre Gemeinde?

Das ist das Beste, was dem Programm „From Arms to Farms" passieren konnte, und ein Beweis dafür, dass wir auf dem richtigen Weg sind. Obwohl sich unser Programm an die Rebellen der Islamischen Befreiungsfront von Mindanao richtete, sind nun auch andere Gemeinden und Regionen, in denen unter anderem kommunistische Rebellen aktiv sind, sehr an unserem Ansatz interessiert. Seit der Verleihung des Friedenspreises in Bogota habe ich viele Einladungen aus der ganzen Welt erhalten, um über unser Programm zu berichten. Leider kann ich nicht allen Einladungen nachkommen, da ich in erster Linie für die Menschen in der Gemeinde Kauswagan verantwortlich bin.

Können andere Kommunen mit anderen Problemen von Ihrem Ansatz lernen?

Ich bin zutiefst davon überzeugt, dass alle Spannungen zwischen verschiedenen Gruppen in der Gesellschaft ihren Ursprung in Armut und Hunger haben. Wenn wir es schaffen, Armut und Hunger aus der Welt zu verbannen, wäre auch die Flüchtlingskrise gelöst. Was in Marawi City geschah [Anm. der Redaktion: Die Stadt Marawi wurde von den Rebellen des Islamischen Staates eingenommen und während dieser Konferenz kämpfte die philippinische Armee um ihre Befreiung], wurde teilweise durch den Mangel an grundlegenden Diensten verursacht.

Wie können andere Kommunen, zum Beispiel niederländische Kommunen, Ihnen helfen?

Ich bitte nicht um Geld, um uns zu helfen. In Kauswagan haben wir es geschafft, uns von einer rückständigen Gemeinde zur besten in der Region zu entwickeln. Deshalb möchte ich unser Programm auf den Philippinen bekannter machen. Derzeit ist es im Ausland populärer als im Inland, das muss sich ändern. Ich möchte sicherstellen, dass philippinische Gemeinden ähnliche Programme für ihre eigene Situation entwickeln können, indem sie das Programm „From Arms to Farms“ als Vorbild nehmen.

AUSWIRKUNGEN DER PROJEKTE

Können Sie uns kurz Zahlen nennen, die die Auswirkungen der in Kauswagan durchgeführten Gemeinschaftsprojekte widerspiegeln?
Die Armutsquote ist seit Beginn des Programms deutlich zurückgegangen. Im Jahr 2009 lag die durchschnittliche Armutsinzidenz in Kauswagan bei 69,60 Prozent, basierend auf einem gemeindegestützten Überwachungssystem. Ein Jahr später, im Jahr 2010, registrierte das Ministerium für soziale Wohlfahrt und Entwicklung eine Armutsquote von 62 Prozent.

Was zeigen die jüngsten Daten zur Armutsinzidenz für die Zukunft?
In der Umfrage für 2019, die letztes Jahr veröffentlicht wurde, sind wir jetzt auf nur noch 9,1 Prozent gesunken. Wie Sie sehen können, ist dies eine messbare Manifestation der Verbesserung der Lebensqualität in Kauswagan. Es ist für alle lokalen Beamten eine große Freude zu sehen, wie sich die Bürger aus der Armut und Verzweiflung erheben.

Welche anderen Faktoren haben zum wirtschaftlichen Aufschwung der Gemeinde beigetragen?
Auch bei den Steuereinnahmen der Kommunalverwaltung ist ein deutlicher Anstieg zu verzeichnen. Dies ist ein weiterer Beweis für das zunehmende Vertrauen der Öffentlichkeit in die Kommunalverwaltung. Daneben ist ein deutlicher Anstieg des Volumens der Lebensmittelproduktion zu verzeichnen.

Wie sieht es mit den Auswirkungen aus, die sich aus anderen Indikatoren ergeben?
Wir haben einen Anstieg der Einschulungsrate in Grund- und weiterführenden Schulen, einen Anstieg der Beschäftigungsquote auf 90 Prozent und einen sprunghaften Anstieg der Zahl der MILF-Kommandeure und -Mitglieder, die jetzt in der lokalen Landwirtschaft tätig sind, festgestellt.

Welchen Dominoeffekt hatte die Beteiligung der Gemeinden an den Projekten der lokalen Regierung?

Durch ihre aktive Beteiligung stieg das Einkommen von Rebellenrückkehrern und Kleinbauern. Die Erwerbsmöglichkeiten für Frauen und die informellen Sektoren wurden deutlich verbessert, was zu Zusammenarbeit und Frieden führte, da sich immer mehr Mitglieder der Gemeinschaft in Volksorganisationen, Genossenschaften und anderen Organisationen engagierten.

Endet die Erfolgsgeschichte mit Blick auf die konkreten Auswirkungen auf die Gemeinden und die Menschen in Kauswagan?
Es gibt noch so viel zu tun. Und es ist machbar. Wir können etwas bewirken, wenn wir die Kraft, die Entschlossenheit und das Engagement haben, es zu verwirklichen.

Abdullah Goldiano Makapaar alias „Kumander Bravo", ein ehemaliger Anführer der Moro Islamic Liberation Front, der die Angriffe auf die Stadt Kauswagan leitete, ist jetzt ein Befürworter des Friedens und hat alle aufgefordert zusammenzuarbeiten, um dauerhaften Frieden in Mindanao zu schaffen. Wie haben Sie das erreicht ?
Kumander Bravo Macapaar, der jetzt eine Schlüsselposition in der autonomen Region Bangsamoro in Muslim Mindanao innehat, hat unsere Bemühungen anerkannt und festgestellt, dass sich das Leben seiner Männer und seines Volkes verbessert hat. Ihn habe also vor allem auch Taten überzeugt. Auch die MILF sehnt sich nun nach Frieden.

Wie würden Sie es finden, dass die Erfolgsgeschichte von Kauswagan in anderen Teilen des Landes wiederholt wird?
Unsere kleinen Erfolge haben große Auswirkungen auf das Leben der Menschen in Kauswagan. Und wir wollen, dass sich diese Erfolgsgeschichte im ganzen Land wiederholt. Das ist das Ziel der League of Organic Agriculture Municipalities, Cities, and Provinces of the Philippines (LOAMCP), deren nationaler Präsident ich derzeit bin. Diese Gruppe setzt sich aus lokalen Führungskräften zusammen, die engagiert und entschlossen sind, die Agenda der ökologischen Landwirtschaft in ihren jeweiligen Gemeinden voranzutreiben, in der Hoffnung, die Probleme von Hunger, Armut und gewalttätigem Extremismus zu lösen.

Hier können wir die Hilfe künftiger Partner gebrauchen: Solidarität, Engagement und der Austausch von Wissen sind uns wichtig!

BOTSCHAFT FÜR DIE ZUKUNFT

Ich möchte den künftigen Führungspersönlichkeiten der philippinischen Nation sagen, dass sie immer darauf achten sollten, dass ihre Ziele, sowohl als Team als auch als Einzelperson, einen größeren Einfluss auf die Gesellschaft haben und zum Erhalt des Lebens auf der Erde beitragen.

Leisten Sie Ihren Beitrag und helfen Sie mit, die Zukunft zu gestalten, die vor Ihnen und der nächsten Generation liegt. Indem wir unsere eigenen Leute dazu bringen, sich gemeinsam für Nachhaltigkeit und Frieden einzusetzen, bringen wir die ganze Nation dazu, Einfluss zu nehmen, um wahren Frieden in unser Land zu bringen und menschliches Leben zu erhalten.

Ich teile folgendes Zitat eines unerschrockenen NBA-Stars. Kobe Bryant war das ultimative Beispiel für Aufopferung, Hingabe, Leidenschaft und „kein Zurück", wie es in seinem Black Mamba-Prinzip zum Ausdruck kommt: „Leidenschaft ist der Treibstoff des Erfolgs."

Unser Ziel, die Konflikte in diesem Land zu beenden, ist ein mutiger Schritt, den wir alle gemeinsam gehen müssen. Und wir werden ihn verwirklichen.

Lassen Sie uns unsere Leidenschaft nutzen.
Lassen Sie uns unsere Energien richtig einsetzen.

Damit dies gelingt, bedarf es wirklich einer großflächigen Zusammenarbeit und Kooperation. In unserer kleinen Stadt Kauswagan auf Mindanao, Philippinen, haben wir zusammengearbeitet und ein Wunder vollbracht. Und jeder hat seinen Teil dazu beigetragen, dass es geschehen konnte. Indem wir unsere Köpfe in diesen Bemühungen zusammensteckten, hatten wir Erfolg.

Ich erinnere mich, dass Michael Jordan einmal sagte: „Talent gewinnt Spiele, aber Teamwork und Intelligenz gewinnen Meisterschaften." Wir sind hier zu Meistern geworden – Meister für unsere Mitarbeiter – und wir werden auch weiterhin dafür sorgen, dass sie bei unseren Nachhaltigkeitszielen gebührend berücksichtigt und priorisiert werden.

Ich bin stolz darauf, sagen zu können, dass wir Kauswagan von Grund auf verändert haben und dass unsere Bürger die Früchte unserer Arbeit genießen können. Inmitten all der Herausforderungen, denen wir uns stellen mussten, haben wir durchgehalten und nie aufgegeben. Wir haben uns von einer unbeständigen Gemeinde zu einer fortschrittlichen und produktiven Stadt entwickelt. Kauswagan ist heute ein sehr friedlicher Ort, der von glücklichen und sicheren Menschen und Familien bewohnt wird.

Wir teilen unsere Geschichte gerne in der Hoffnung, dass sie inspiriert, und wir laden die Menschen ein, uns zu besuchen.

Rommel C. Arnado

„Bürgermeister Rommel Arnado ist ein Visionär. Durch sein Engagement und seine dynamische Führung hat er Kauswagan in ein lebendiges und sich schnell entwickelndes Handels- und Industriegebiet verwandelt. Durch den ökologischen Landbau knüpfte er berufliche und freundschaftliche Beziehungen zu Gruppen, die der Regierung früher feindlich gesinnt waren. Durch die Bekämpfung des Hungers gelang es ihm, Frieden und Ordnung zu schaffen. Bürgermeister Arnado ist eine außergewöhnliche Führungspersönlichkeit – fleißig, proaktiv und ergebnisorientiert und trotz bemerkenswerter Leistungen bescheiden.“

Leonor S. Quiñones,
Vorsitzende Richterin,
Regionales Strafgericht, Zweigstelle 6, Iligan City

„Bürgermeister Rommel Arnado ist eine inspirierende Führungspersönlichkeit, die einem großen Ruf folgt. Er hat nie behauptet, genau zu wissen, was gebraucht wird, aber er hat sich immer für seine Bürger eingesetzt. Er hielt stets Rücksprache und animierte die Menschen zur Zusammenarbeit. So entstanden preisgekrönte Lösungen wie das Programm „From Arms to Farms“ (dt.: „Von Waffen zu Bauernhöfen“) und andere Innovationen. Seine Geschichte ist eine Quelle von Lektionen über effektive Führung – eine Quelle der Hoffnung für die schwierige Realität unseres Landes.“

Edicio dela Torre,
Präsident einer philippinischen Bewegung für den ländlichen Wiederaufbau

„Bürgermeister Rommel Arnado ist ein Nonkonformist unter den lokalen Führungskräften, der das einst vom Krieg zerrissene Kauswagan in eine der leistungsfähigsten lokalen Regierungseinheiten des Landes verwandelt hat. Er verfügt über eine Fülle von Erfahrungen und Fachkenntnissen, die er im Bereich der Friedenskonsolidierung und der nachhaltigen Entwicklung an die Welt weitergeben kann.“

Bruce Augusto Colao,
Karriere-Exekutivdienst-Beamter (CESO) Rang V,
Provinzdirektor, Ministerium für Inneres und Kommunalverwaltung,
Provinz Lanao del Norte

„Bürgermeister Rommel Arnado ist ein Geschenk des Himmels zur Rettung von Kauswagan und hat diese Gemeinde aus Asche in ein Paradies verwandelt. Er ist ein Vorbild an Exzellenz, ein Friedensstifter und ein Förderer der wirtschaftlichen Entwicklung!“

Laudico Lacang,
Stadtkämmerer im Ruhestand, Kauswagan,
Lanao del Norte

„Bürgermeister Rommel Arnado ist ein vorbildlicher Staatsdiener. Er ist eine respektierte und bewunderte Führungspersönlichkeit, bekannt für seine Freundlichkeit und Integrität. Er ist nahbar und hat mit seinem ausgeprägten Pflichtbewusstsein und seiner Inspiration eine hohe Messlatte für Führungskräfte gesetzt. Bürgermeister Arnado hat einen positiven Einfluss auf das Leben vieler Menschen.“

Jacinto S. Gerona,
Leiter, Gawad Kalinga, Iligan City & Lanao del Norte

„Bürgermeister Rommels Art, den Wandel voranzutreiben, zeichnet sich durch mutige, bescheidene, konsequente und effektive Führung aus. Seine Herangehensweise an einen jahrzehntelangen, bewaffneten Konflikt ist beispielhaft für seine mutige Führungsrolle bei der Lösung der Sorgen und Probleme der Gemeinde. Das Programm „From Arms to Farms" zeigt, wie bescheiden, aber effektiv er die Landwirtschaft einsetzt, um die Grundbedürfnisse der Familien zu erfüllen und so den Frieden zu fördern. Durch unsere Partnerschaft mit LOAMCP Philippines (League of Organic Agriculture Municipalities, Cities and Provinces) konnte die SEAOIL Foundation mit engagierten lokalen Regierungsvertretern zusammenarbeiten, um alternative Lösungen für eine nachhaltige Landwirtschaft in ländlichen Gebieten zu erkunden. Durch diese Partnerschaften erkannten wir die Bedeutung der dringend erforderlichen Agrarreform-Maßnahmen in Verbindung mit aktuellen Ernährungsinitiativen. Unter der Leitung von Bürgermeister Rommel ist die LOAMCP zu einem Ort geworden, an dem lokale Führungskräfte dieses Gebiet erforschen und innovative Lösungen entwickeln können."

Jess Lorenzo,
Geschäftsführender Direktor,
SEAOIL Foundation

„Bürgermeister Rommel ist ein langjähriger Partner in unserer gemeinsamen Mission, das Leben der Filipinos durch kraftvolle, effiziente und ethische Führung zu verbessern. Ich bewundere die gute Arbeit, die er in Kauswagan, Lanao del Norte, geleistet hat. Er hat die vom Krieg zerrüttete Stadt in einen Hafen friedlicher Gemeinschaften verwandelt. Unter der Führung von Bürgermeister Rommel unterstützt Kauswagan die Rückkehrer der Rebellen beim Aufbau ihres Lebens als Bauern. Das Programm der lokalen Regierung „From Arms to Farms" hat es ihnen ermöglicht, produktive Mitglieder der Gemeinschaft zu werden, die Arbeitsplätze schaffen und die Ernährungssicherheit in der Region gewährleisten. Bei meinem Besuch in Kauswagan hatte ich das Glück, einige der ehemaligen Rebellen zu treffen und zu hören, wie sich ihr Leben seitdem verändert hat. Das Engagement von Bürgermeister Rommel für die Förderung der Landwirtschaft als Instrument zur Stärkung der Selbstbestimmung und zur Bekämpfung der Armut ist beispiellos. Ich bin stolz darauf, ihn als Freund und Verbündeten in unseren anhaltenden Bemühungen um ein besseres Leben auf den Philippinen bezeichnen zu können."

Rechtsanwältin Leni Robredo,
ehemalige Vizepräsidentin,
Republik der Philippinen

DER JUNGE ROMMEL ARNADO IM KREIS DER FAMILIE

DER ERFOLGREICHE ROMMEL ARNADO
MIT FRAU SONJA

ROMMEL ARNADO
DER FAMILIENMENSCH

ROMMEL ARNADO IM KREIS VON MILF KOMMANDANTEN UND BIOBAUERN – BIOBÄUERINNEN

Farm to Table
FARM TO TABLE
SHORT ORDERS "FISH"
SNACKS, DESSERTS & FINGER FOODS
SHORT ORDERS "VEGETABLE"
COMBO
SHORT ORDERS "BEEF"
MIXED HARD DRINKS
SET A 599
TOWER MIXED DRINKS

„GEÖFFNETE HERZEN" VEREINEN REBELLEN UND SOLDATEN

EIN PAZIFIST UND ÖKO-AKTIVIST BESUCHT KAUSWAGAN

Von Bernward Geier

Bericht einer außergewöhnlich spannenden und abenteuerlichen Reise im April 2024 in die Friedens- und Bio-Stadt Kauswagan und zu Mayor Rommel C. Arnado in Lanao del Norte, Mindanao, Philippinen. Der Bericht wurde vom Autor Bernward Geier weitgehend vor Ort geschrieben und ist ein spontaner Ausdruck seiner überwältigenden Erlebnisse.

Es gibt für einen passionierten Storyteller nichts Besseres, als spannende Geschichten zu erleben, die erzählt werden wollen beziehungsweise sollten. Den „Stoff" für die nachfolgende Geschichte habe ich bei einer Rechercherelse zu Mayor Rommel C. Arnado in Kauswagan auf den Philippinen gesammelt. Es war eine beiderseitige, große Freude, dass wir uns zum ersten Mal und endlich persönlich kennenlernen konnten, nachdem ich schon viel von den Aktivitäten des Bürgermeisters gehört hatte.

Zum Auftakt der Begegnung gab es ein leckeres Abendessen in einem eleganten Restaurant mit Meeresblick, das Teil des Kauswagan International Organic Conference Center ist. Dabei überraschte die Tatsache, dass ich nicht, wie ich es bei meinen Reisen liebe, die lokale Cuisine kennenlernen konnte, sondern es superleckere Pizza, Gulasch und Boeuf Stroganoff gab, dazu nicht den landesüblichen Reis, sondern Kartoffeln. Und als dann auch noch ein leckeres Roggenweizenmischbrot serviert wurde, war ich sehr erstaunt. Die Erklärung folgte schnell, als der Koch an den Tisch kam und es sich herausstellte, dass er aus Deutschland stammt.

Es gab natürlich viel zu erzählen, aber mein Interesse herauszufinden, was mich nun genau in den nächsten vier Tagen erwartete, konnte kaum bedient werden. Dies auch deshalb, weil es hier Teil der Kultur ist, Termine nicht nur ein oder zwei Stunden später („Philippine Time") zu starten, sondern auch weil sich das Programm gefühlt im Stundenrhythmus ändern sollte. Aber diese Eigenart ist nur zum Vorteil, denn die Änderungen bieten immer neue und nicht eingeplante Überraschungen. Flexibilität ist Trumpf und sollte mich auch noch für den Rest des Programms bis Sonntag begleiten. Es wurde an diesem Abend sehr spät, was ich durchaus sogar als Wenigschläfer spürte, denn mir steckte die sehr lange Anreise (32 Stunden ohne Schlaf) in den Knochen. Im schönen Boutique-Hotel namens Spektrum, das Rommel gehört und in dem er gerne seine recht zahlreichen Gäste aus aller Welt begrüßt, fand ich dann die wohlverdiente Nachtruhe. Das Hotel liegt direkt am Meer, an der berühmten und längsten Uferpromenade der Philippinen. Aber leider nicht an einem spektakulären Strand, denn die Meereswellen enden an einer Betonmauer des Hotels. Zum Glück ist ein Großteil der Küste noch weitgehend von Mangrovenwäldern gesäumt, die alle unter Naturschutz stehen.

Das Wasser- und Agrarkultur-Festival

Der Zufall wollte es, dass mein freies Zeitfenster für diese kurzfristig geplante Reise mit dem jährlich stattfindenden Agriculture and Water Festival zusammenfiel. So ist meine erste Aktivität die Teilnahme als Ehrengast und Keynote Speaker bei der feierlichen Eröffnung des Festivals, das eine Woche dauert und mit einer spektakulären Bootsparade auf dem Meer seinen Höhepunkt findet. Bei gefühlt sengender Hitze (30°C) ist der zweistündige Eröffnungsmarathon schon eine Herausforderung. Zum Glück kann ich mich mit eisgekühlter Kokosnussmilch vor dem Austrocknen bewahren. Es ist ein Leichtes, in meiner Rede den Brückenschlag zwischen Frieden als Konfliktlösung und dem Frieden mit der Natur zu vollziehen.

Als konsequenter Pazifist und Öko-Aktivist habe ich schon an diesem ersten Tag das Gefühl, in einem Friedens- und Bio-Paradies zu sein: Auf dem großen Gelände des International Centers haben die 17 Dörfer von Kauswagan Gärten und kleine Farmen aufgebaut, umgeben von wunderschönen Bambuszäunen. Nun fiebern alle darauf, wer als beste Demo-Farm den ersten Preis des Wettbewerbs gewinnt. Ich folge, für mich erstmalig, der spannenden Rede von Rommel und bin begeistert vom kulturellen Teil der Eröffnungsfeier. Unglaublich bunte und sehr aufwändig gemachte Kostüme sowie drei Balletttänzerinnen sind absolute Hingucker und die Tanzperformance wird mit Instrumenten und Musik der traditionellen indigenen Bevölkerung gestaltet.

Der Austausch mit den „Kumanders"

Zum Mittag gibt es ein Treffen mit den Kommandanten respektive Kumanders, wie sie hier genannt werden. Es ist vermutlich ein positives

Signal für sie, dass nicht nur sie mit offensichtlich großem Stolz ihre „From Arms to Farms"-T-Shirts anhaben, sondern auch ich ein solches T-Shirt trage, welches mir Rommel zur Begrüßung als Geschenk überreichte. Jeder Kumander trägt sein T-Shirt mit Stolz, denn es hat den Namen des jeweiligen Kumanders und eine Photomontage von allen Kumanders gemeinsam auf dem Rücken. Insgesamt sind 15 Ex-Rebellenführer, das heißt fast alle bei diesem Treffen anwesend. Da „Kriegshandwerk" auch hier Männersache ist beziehungsweise war, sind es ausschließlich Männer. Kumander Bentji direkt neben mir hat eine Guerillatruppe von 3.000 Mann befehligt. Ausgebildet im „Handwerk" wurde er in Afghanistan. Ein anderer Kumander war im Trainingscamp in Libyen.

Es war die erfolgreiche Strategie von Rommel, dass er genau diese Kumanders überzeugen konnte, das Töten aufzugeben, wobei er nicht verlangt hat, die Waffen abzugeben. Ein geschickter Schachzug von ihm war, dass mit der Einsicht der Kumanders auch ihre Soldaten aus dem Dschungel kamen und sich weitgehend wie ihre Vorbilder der biologischen Landwirtschaft widmeten beziehungsweise widmen. Es ist berührend zu fühlen, wie das Konzept von Rommel die Herzen dieser verhärteten Männer erreicht, angeführt von den tiefgreifenden Worten "I don´t want you to surrender your arms, but that you surrender your hearts". Die (Ex-)Rebellen haben in Rommel ganz offensichtlich einen neuen Helden gefunden.

Der Pazifist und die Soldaten

Ich rede nicht gern um den heißen Brei, habe keine Scheuklappen und trotzdem kommt es hier gut an, dass ich keinen Zweifel daran lasse, dass sie im Austausch mit einem „Hardcore"-Pazifisten sind. Es ist schon ein eigenartiges Gefühl, nun im Kreis mit Menschen zu sein, die viele Jahre im Dschungel lebten und kämpften und sich in einem sehr blutigen Bürgerkrieg mit den Regierungstruppen und einer rivalisierenden Rebellenarmee schlugen. Kauswagan war das Epizentrum der Kämpfe. Höhepunkt des Krieges war die Besetzung der Stadt durch Rebellen und die Festsetzung von 300 Geiseln im Rathaus. Ich will nicht wissen, für wie viele Morde – in diesem Fall nenne ich es bewusst so – und für wie viele befohlene Morde die Männer, die da am Tisch versammelt sind, verantwortlich sind. Dazu eine große Anzahl von Kidnappings, Vergewaltigungen und was es sonst noch Brutales im Krieg gibt. Und jetzt sind das alles Menschen, die Frieden geschlossen und Erfüllung im biologischen Landbau gefunden haben. Das zu erleben und zu fühlen, ist schier unglaublich, aber wahr.

Von Mut und gepanzertem Dienstwagen

Kauswagan und die umliegende Region bis hoch hinein in die Berge sind durch das „From Arms to Farms"-Programm und das Engagement und Charisma von Rommel befriedet. Tausende von Rebellen haben hier das Kämpfen aufgegeben, was für andere Regionen in Mindanao leider nicht gilt. Rommel hatte sicher viel Mut, als Repräsentant der christlichen Mehrheit im Lande und auch als Politiker zu den Rebellen zu gehen. Er konnte das wohl auch nur machen, weil einige der Kumanders mit ihm die Schulbank drückten und sein Vater schon ein geschätzter und mehrfach wiedergewählter Bürgermeister war.

Wenn man mitbekommt, wie sehr die Menschen ihn schätzen und auch verehren, glaubt man ihm, wenn er sagt, er fürchte sich vor nichts. Trotzdem besitzt er zur Beruhigung der Familie und der 300 Mitarbeiter in der Stadtverwaltung ein komplett gepanzertes Auto mit schusssicherer Karosserie und rundum kleinen Fenstern aus Panzerglas. Das ist befremdlich, aber es macht mir keinerlei Angst, weil ich spüre, dass ich in einem Sicherheitsgebiet bin. Das geht so weit, dass es in Kauswagan so gut wie keine Kriminalität gibt und Rommel unter anderem auch sehr erfolgreich war, das Drogenproblem (in den Philippinen sind es vor allem synthetische Drogen wie Crystal Meth) in den Griff zu bekommen. Wenn man durch die Stadt geht oder fährt, sieht man, dass hier Prosperität herrscht. Es ist zu sehen und zu fühlen, dass es Rommel tatsächlich gelungen ist, in den fast 15 Jahren seiner Amtszeit die Armutsrate in die Marginalität zu bringen. Aber auch die noch verbleibenden Armen müssen nicht mehr hungern.

Friedliche Koexistenz von Regierung und Rebellen

Erstaunlicherweise gibt es noch in ganz Mindanao MILF-Camps, wobei das Militär heutzutage weiß, wo diese sind. Es gibt also so etwas wie eine friedliche Koexistenz der ehemaligen Kriegsgegner. Ganz spannend wird es also morgen, wenn es hoffentlich klappt, dass ich ein noch existierendes Camp der Rebellen besuche. Mir wurde versichert und ich bin mir auch sicher, dass ich ein willkommener Gast sein werde.

Doch zurück zu meinen bisherigen Erlebnissen. Am Nachmittag gönnt man mir tatsächlich eine Pause, die es mir erlaubt, zum Ende der langen Uferpromenade zu laufen, die in englischer Tradition auch eine Art Kirmes ist. Neben Pferdekarussell und kleinem Riesenrad ist die große Attraktion hier ein 100 Meter langes und zehn Meter hohes Hochseilkonstrukt, auf dem man (natürlich mit Sicherheitsseilen abgesichert) Fahrrad fahren kann. Ich bin bereit für ein erfrischendes Bad im Meer, aber angesichts der Wassertemperatur von gefühlt 23 bis 24 Grad Celsius ist es mit der Erfrischung nicht so weit her.

Ganz meinem Lebensmotto „Keine Feier ohne Geier" dienend, ist der dritte Höhepunkt des Tages eine große Galaveranstaltung, bei der jedes Jahr im Rahmen des Festivals die 300 städtischen Mitarbeiter*innen zusammenkommen, um jede Menge Auszeichnungen zu entgegenzunehmen. Es ist beeindruckend, was da an Urkunden auf der Bühne verteilt wird. Am Schluss habe ich das Gefühl, dass eigentlich jede und jeder im Saal für irgendeine Bestleistung eine Urkunde bekommt. So eine Veranstaltung ist eine tolle Gelegenheit, die örtliche Festkultur zu erleben und zu genießen. Das fängt schon damit an, dass alle Gäste ähnlich wie die Nationalmannschaften bei olympischen Spielen durch ein geschmücktes Tor in die Festhalle einziehen. Diese Parade hat aber auch einen besonderen Grund, denn am Schluss gibt es noch mit Geld ausgelobte Preise für das schönste Abendkleid bei den Damen und das schönste Dress bei den Herren. Auch die Eyecatcher (Hingucker) des Abends werden prämiert. Auffällig ist die offensichtliche Toleranz gegenüber der Vielfalt menschlicher Vorlieben. Ich war noch nie bei einem Event, wo es so viele offensichtlich homosexuelle Männer gibt, die sich auffällig schminken und Stöckelschuhe tragen.

Man liebt Bier und widmet sich in geselliger Runde auch gerne einer Flasche Gin mit Ginger Ale. Das Essen wird während der gefühlt endlosen Urkundenvergabe aufgetischt, weshalb es leider kalt ist, als es angesagt ist zuzugreifen. Ich muss gestehen, dass vor allem die aufgetürmten Berge von Shrimps wegen der köstlichen Zubereitung auch kalt eine Verlockung sind. Nach der Urkundenflut und dem Essen spielt eine tolle Band von städtischen Mitarbeiter*innen und die Sänger und Sängerinnen lassen es richtig krachen. Es ist rockig mit vielen Oldies von Abba bis Zappa und nicht nur wegen der Musik, sondern weil die Menschen hier das Tanzen lieben, ist die Tanzfläche sofort gefüllt.

Rommel und seine Frau Sonia legen mit die kesseste Sohle aufs Parkett und ich gebe mein Bestes, da mitzuhalten. Es wird sehr ausdrucksstark und wild getanzt und es gibt keine Gnade mit meinen nun doch schon immerhin 70 Jahren. Da man offensichtlich mit solchen Feiern früh, in diesem Fall um 18 Uhr anfängt, ist das Fest nach gut vier Stunden am Ausklingen, wo andernorts, wie etwa in Mexico die Fiestas, erst angefangen wird. Nach dem Feiern wartet aber noch der Laptop mit vielen Mails für eine lange Nachtschicht auf mich. Demnach ist auch meine dritte Nacht auf den Philippinen eine sehr kurze.

Zu Besuch im Amt für Landwirtschaft und im Landwirtschaftsgymnasium

Heute Morgen habe ich zunächst ein Treffen und eine Besprechung mit Rommel und danach auf meinen Wunsch hin ein paar Stunden Zeit, für mein „out of home"-Büro.

Zum Mittag habe ich eine weitere Gesprächsrunde mit Howard Dee, der eigentlich bei der UNO in New York arbeitet, aber regelmäßig in seine Heimatstadt kommt und die PR für und rund um Rommel koordiniert. Mit ihm geht es zum nächsten Höhepunkt. Ich besuche am Nachmittag nämlich das Department of Agriculture (DA) von Kauswagan. Für uns kaum vorstellbar, dass in einer nicht so großen Stadt mit circa 27.000 Einwohner*innen allein für Landwirtschaft 50 Menschen tätig sind. Aber jedes der 13 „Barangays" vor Ort hat eine*n Berater*in und die hier ausufernde Bürokratie braucht natürlich auch ihren Mitarbeitendenstamm. Teil des DA-Komplexes sind ein Bio-Markt und eine Schule.

Nach einem Impulsvortrag und Diskussion mit den Mitarbeiter*innen des DA bin ich eingeladen, vor zwei Schulklassen über den biologischen Landbau weltweit zu erzählen. Doch die Landwirtschaftsschule ist nicht etwa eine Berufsschule, sondern hier sind 120 Schüler und Schülerinnen in der Oberstufe eines Gymnasiums. Das heißt, nach dieser zweijährigen Ausbildung mit dem Schwerpunkt Landwirtschaft haben sie eine Studienberechtigung und können damit eine akademische Karriere verfolgen. Aber aus den Gesprächen entnehme ich, dass viele mit bester Schulausbildung zurück auf den Bauernhof der Eltern gehen wollen. Es ist toll, dass offensichtlich die Frage, wer denn in Zukunft überhaupt noch Landwirtschaft machen will beziehungsweise wird, in Kauswagan wohl nicht zur Debatte steht. Ich habe das

Gefühl, dass ich mit meinem Storytelling über die Faszination des weltweiten biologischen Landbaus die jungen Menschen erreiche. Jedoch die verbreitete Zurückhaltung und Scheu ist bei den jungen Menschen besonders ausgeprägt. Der von mir erhoffte Dialog kommt deshalb nicht so recht in Gange, aber durch gezielte Fragen bekomme ich doch noch einiges mit, was die jungen Menschen denken und was sie bewegt. Dabei wird deutlich, dass es für sie gar keine Frage ist, dass die Zukunft der Landwirtschaft Bio sein wird. Das heißt, bei 100 Prozent Bio-Landwirtschaft in Kauswagan ist das keine Frage der Zukunft, weil bereits Gegenwart. Interessant ist auch, mich bei einer eisgekühlten Kokosnussmilch mit der Schuldirektorin über Curriculum und Zukunftsperspektiven der jungen Menschen zu unterhalten. Die Schule hat vor fünf Jahren mit 20 Jugendlichen angefangen und heuer sind es bereits 120 Schüler*innen in vier Klassen in großer Eintracht zwischen christlichen und muslimischen Schüler*innen.

Erfreulich ist auch das Kennenlernen der School Nurse. Tatsächlich ist es hier Gesetz, dass jede Schule eine Krankenschwester hat, weil dadurch unter anderem eine medizinische Grundversorgung für die junge Generation gesichert ist. Es stellt sich heraus, dass die Krankenschwester die Tochter von Kumander Benji aus dem Kurzfilm ist (siehe hierzu den Link am Ende dieses Kapitels). Hier erzählt er mit Freude und mit Stolz, dass „From Arms to Farms" es auch ermöglicht hat, dass seine Kinder alle eine gute Ausbildung machen.

Zwei Hymnen und der „Rathaus"-Chor

Zum Abschluss dieses tollen Tages hat Rommel noch ein kulturelles Schmankerl für mich in petto. Ich kann dabei nicht nur die äußerst imposante Galerie von lokalen, nationalen und internationalen Auszeichnungen und Ehrungen von Rommel bewundern, sondern in seinem Besprechungsraum ist gerade auch ein neu gegründeter Chor von städtischen Mitarbeitenden in der Probe. Die Stimmen des 17köpfigen Chors sind größter Wohlklang in den Ohren und Harmonie pur. Ich bin eigentlich kein Fan von Nationalhymnen, aber die philippinische Hymne, von diesem Chor gesungen, ist eine Ohrenweide. Genauso wie die fetzig daherkommende Hymne von Kauswagan. In dem geplanten Dokumentarfilm über Kauswagan, Rommel und die „From Arms to Farms"-Bewegung hoffe ich Musik von diesem Chor nutzen zu können. Anschließend geht es mit Rommels gepanzertem Wagen zum Absacker ins Hotel. Es fühlt sich an wie in einem gesicherten Geldtransporter zu sitzen.

Verwegene Fahrt in den Dschungel

Die Programmänderung, das Camp der MILF zu besuchen, hat leider zur Folge, dass meine ursprünglich geplante Teilnahme an einer populären „Massenhochzeit" dafür geopfert werden muss. 15 glückliche Brautpaare auf einen Streich wären sicher auch ein Erlebnis gewesen. Aber der Besuch des Rebellencamps soll mein bis dato größtes Abenteuer werden...

Angesichts der friedlichen Atmosphäre, die ich in Kauswagan in meinen ersten Tagen erleben konnte, ist die Frage von Rommel, ob ich eventuell auch ein Rebellencamp besuchen möchte, eigentlich keine Herausforderung an meinen Mut. Abenteuerlust war ja für mich als Globetrotter und Backpacker schon immer der Pfeffer in der Suppe. Ich hatte mir allerdings nicht vorgestellt, was mich am Freitagvormittag erwarten soll. Ich bin schon mal entspannt, als ich feststelle, dass mich nicht der gepanzerte Wagen von Rommel abholt, sondern ein normaler Pick-up. Es ist ein Brauch von Rommel, dass er Reis als Gastgeschenk mitbringt, wenn er ein (Ex-)Rebellencamp besucht. Das hat er auch für mich arrangiert. Da geht es aber nicht um ein paar Kilos, sondern auf der Ladefläche des Pick-ups sind in acht Säcken 200 Kilogramm Reis aufgetürmt. Wie gut, dass er jetzt zur Verpflegung der arbeitenden Männer und nicht mehr zur Stärkung der Kampfkraft der Truppen dient.

Dass ich mich dennoch nicht auf eine Landpartie begebe, wird mir klar, als ein Polizeiwagen zur Begleitung vorfährt. So machen wir uns im Mini-Convoy auf den Weg hinaus aus Kauswagan und hinauf in die Berge. Unterwegs gesellt sich noch ein zweiter Polizeiwagen zu uns, der den Pick-up in die Mitte nimmt. Irgendwann erreichen wir ein Lager der philippinischen Armee mit Check Point. Nun wird es noch spannender, denn jetzt stoßen noch vier Soldaten in voller Ausrüstung und mit großen Maschinengewehren zu uns und platzieren sich auf den Pick-up-Pritschen. Mit Soldaten in voller Kampfausrüstung ins Rebellencamp zu fahren, löst dann doch ein paar Gedanken mehr bei mir aus...

Dazu kommt, dass beim Check Point ein großes Plakat hängt, bei dem ich annehme, dass hier vermisste Kinder gesucht werden. Doch es handelt sich um Kindersoldaten und etliche offensichtlich junge Erwachsene, die zu einem Ableger der IS-Terroristen gehören und auch in Mindanao noch immer gewalttätig in Erscheinung treten. Daneben hängt ein Plakat mit dem durchgekreuzten Abbild eines Kumanders, der, wie mir auf meine Frage mitgeteilt wird, im Kampf „gefallen" ist. Beeindruckend ist ein Foto daneben, mit einem beachtlichen Waffenarsenal, das man bei ihm fand. Jetzt gibt es keine Zweifel mehr, dass diese Reise eine äußerst spannende Angelegenheit wird. Bestärkt wird das durch die immer wilder werdende Schotterpiste, die in der Regenzeit wohl gar nicht befahrbar ist.

Besuch bei Kumander Topsider

Im Dorf nach dem Check Point besuche ich Kumander Topsider in seinem Haus. Dieser kann mich nämlich nicht im Camp empfangen, weil er eine üble Knieverletzung hat. Auf seinem Krankenbett sitzend, habe ich mit ihm einen sehr interessanten Austausch. Er stellt mir stolz seine Familie vor beziehungsweise seine drei Frauen und einen Teil seiner offensichtlich zahlreichen Kinder. Im Dorf wird mir anschließend ein großes Wasserreservoir gezeigt, das Rommel hat bauen lassen und das für das Dorfleben ein großer Fortschritt ist. Übrigens ist dieses Dorf und auch das Camp nicht mehr Teil von Kauswagan, aber Rommel hat über die 13 Barangays von Kauswagan hinaus viele Dörfer in der Region in sein „From Arms to Farms"-Projekt aufgenommen.

Abenteuerlicher Besuch im Camp der (Ex-)Rebellen

Auf der wilden Schotterpiste geht es weiter zu einem großen Anwesen, das dem in Mindanao bekannten und nach wie vor sehr einflussreichen Kumander Bravo gehört, und etwas später fahren wir durch einen großen Torbogen mit dem Namen des Camps und einem großen Bild von Kumander Topsider. Kurz darauf ist im Wald das Camp zu erkennen, das mich mit seinen Holzpfählen an eine römische Befestigung am Limes oder an ein amerikanisches Fort erinnert. Vor dem Camp sind gepflegte Felder mit Ackerkulturen zu sehen. Es gibt einen großen überdachten Platz, der zum Trocknen von Feldfrüchten, aber auch für Trainings genutzt wird.

Im Lager werden wir herzlich willkommen geheißen, und dies gilt auch für die Soldaten der Armee, die bereits die Reissäcke abladen.

Statt sich wie früher zu beschießen und gegenseitig umzubringen, reden sie heute zivilisiert miteinander und dabei wird durchaus auch mal gelacht. Im Lager sind außer einer Begleiterin von uns nur Männer zu sehen, wobei etliche das Stereotyp des langhaarigen und verwegenen Guerillakämpfers bedienen. Auch hier kann ich alles fragen, was mich interessiert. Unter anderem erfahre ich, dass die Rebellen sozusagen zum Schichtdienst ins Camp kommen, aber in der Hauptsache in ihren Dörfern Bio-Bauern sind.

Beim Austausch spreche ich durchaus meine Sicht auf (kriegerische) Gewalt an und stelle auch die Verbindung zu Gandhis Weltanschauung her. Mit anderen Worten, ich lasse auch hier keinen Zweifel, dass ich Pazifist bin. Ich bin mir aber nicht sicher, ob das, was ich zu dem Thema sage, so wirklich verstanden wird. Sowohl die Soldaten als auch die nicht mehr kämpfenden Rebellen leben in einer ganz anderen Welt...

Interessant ist übrigens, dass neben der Flagge der MILF auch die philippinische Nationalflagge gehisst ist. Ein Hinweis, dass es nicht mehr um Bürgerkrieg respektive einen Unabhängigkeitskampf geht. Vielmehr ist es für die muslimische Bevölkerung nach wie vor wichtig, dass sie das Gefühl haben, sich notfalls verteidigen zu können. Auch deshalb hat Rommel die Rebellen gebeten: „Do not surrender your guns, but surrender your hearts." (Übergebt nicht eure Waffen, sondern öffnet eure Herzen.)

Ich frage natürlich „sicherheitshalber", ob Fotografieren und Filmen erlaubt sei, aber die Soldaten sind, wie alle Philippinen, total versessen darauf, sich wechselseitig zu fotografieren oder fotografiert zu werden. Ergo muss auch das große Gruppenbild von Soldaten, Rebellen und mir als Pazifisten gemacht werden. Dieses nicht alltägliche Abenteuer ist nachvollziehbar das Highlight meines Besuches in Kauswagan, und dies auch, weil ich wohl der erste Ausländer in diesem Camp bin.

Die Chance des Besuches im Camp ist auch im Hinblick auf die Recherche für den Dokumentarfilm, den ich über Rommel und Kauswagan machen möchte, erste Wahl.

Erfreut bin ich bei meiner Rückkehr, dass meine ursprünglich geplante Teilnahme an der Gruppenhochzeit und somit das große Ereignis für die glücklichen Brautpaare und deren Familien und Freund*innen noch nicht ganz vorbei ist. Ich komme in die aufwändig und schön dekorierte Stadthalle von Kauswagan, wo es nur so von weiß gekleideten Bräuten aller Altersstufen wimmelt. Rommel erklärt mir später, dass das eine eher kleine Massenhochzeit sei, denn es waren auch schon mal über 50 glückliche Paare zum Jawort zusammengekommen. Die Massenhochzeiten sind Teil des sozialen Programms für Community Building. Die Feier wird nämlich von der Stadt organisiert und finanziert. Nicht nur die Brautpaare sind dabei festlich gekleidet, sondern sie ist Anlass für alle Hochzeitsgäste, sich ordentlich „aufzubrezeln".

Als ich ankomme, ist zwar die eigentliche Zeremonie schon vorbei, aber es herrscht ein wunderbares Gewusel, zumal auch ganz viele Kinder da sind. Die grenzenlose Begeisterung der Philippin*innen, sich fotografieren zu lassen, ist auch hier wieder voll im Gange. Natürlich wollen alle als Erinnerung auch ein Foto mit Rommel haben, wofür man gerne Schlange steht. Was ich dabei beobachten kann, ist, welch große Zuneigung die Menschen zu Rommel haben und auch zeigen. Er hat natürlich viel Übung und da er ein geduldiger Mensch ist, lässt er das Marathon-Posing mit offensichtlicher Freude über sich ergehen. Natürlich falle ich als einziger Nicht-Philippino im Raum auf und es dauert nicht lange, bis ich von einem Brautpaar gefragt werde, ob ich auch für ein Bild mit ihnen zur Verfügung stehe. Das bleibt nicht unbemerkt und so bin ich plötzlich in einer ähnlichen Situation wie Rommel, was das Posing angeht, aber die Wertschätzung und letztendlich Verehrung gilt selbstverständlich und zu Recht Rommel.

Ein Treffen mit dem Stadtrat

Am späteren Nachmittag ist dann ein weiteres, äußerst interessantes und wichtiges Treffen für mich arrangiert. Im Spektrum wartet schon der komplett versammelte Stadtrat, dem Maximo Arnado, Bruder von Rommel und pensionierter Arzt, als Vizebürgermeister vorsteht. Das Treffen ist eine weitere Gelegenheit, viele Fragen beantwortet zu bekommen, aber es gibt auch zahlreiche, neugierige Fragen der zwölf Abgeordneten an mich. Bemerkenswert ist, dass immerhin ein Viertel Frauen sind, was in der islamisch geprägten Gemeinde nicht selbstverständlich ist. Am interessantesten ist aber der Fakt, dass ein Sitz im Stadtparlament für die Jugend reserviert ist. Wählen dürfen Jugendliche ihre Repräsentation schon ab 15 Jahren und bis 24 Jahre. Für diese Position gibt es mehrere Kandidaten und auch einen Wahlkampf. Zum einen eine wunderbare Idee, jungen Menschen schon früh die Beteiligung bei parlamentarischen Aktivitäten zu ermöglichen, zum anderen ist es natürlich toll, dass die Jugend so direkt auch Teilhabende an der „Macht" und an der Entwicklung der Stadt Kauswagan ist.

Und schon wartet der nächste Höhepunkt auf mich, denn anschließend bin ich auch noch Ehrengast bei einer weiteren großen Festlichkeit im Rahmen des Festivals. Rommel hat ein umfangreiches Ausbildungsprogramm auf den Weg gebracht, bei dem sich Menschen in den verschiedensten Berufen qualifizieren können. Neben technischen Berufen sind das speziell für Frauen die klassischen Ausbildungen im Bereich Hauswirtschaft, Schneiderhandwerk und Physiotherapie / Massagen. Auch wenn das „nur" handwerkliche Ausbildungen sind, werden die Abschlüsse im akademischen Stil gefeiert. Über 150 Absolvent*innen und viele Familienangehörige kommen zu diesem feierlichen Anlass zusammen. Die Gemeinde stellt allen Absolvent*innen lange schwarze Roben und Doktorhüte zur Verfügung. Wieder gibt es den klassischen, „triumphalen" Einzug durch den Torbogen, wobei die „Doktorand*innen" jeweils von jemandem aus der Familie begleitet werden und von den Angehörigen eine Medaille umgehängt bekommen. Auffällig ist, dass unter den Frauen etliche mit Burkas komplett verschleierte Muslimas sind.

Als Ehrengast bin ich Teil des Gratulationsparcours, den die Absolvent*innen absolvieren, das heißt, ich bin im Defilee der Honoratioren, angeführt natürlich von Rommel, und darf 150 Hände schütteln und Glückwünsche aussprechen. Jetzt habe ich eine Vorstellung, was Politiker*innen manchmal leisten müssen, denn so viele Hände habe ich nonstop bislang noch nicht geschüttelt. Aber es bleibt nicht dabei, denn nun folgt die Auszeichnung der Besten. Einmal mehr ist man hier sehr freizügig im Vergeben von Auszeichnungen, sodass ich noch einmal fast allen Absolvent*innen Hände schüttelnd zu ihrem jeweiligen Erfolg gratulieren darf. Es folgt schließlich wieder schier endloses Fotografieren in allen Konstellationen.

Eine Einladung von General Bravo

Der Samstag wartet mit weiteren Highlights auf. Gleich nach dem Frühstück hat Rommel eine der beeindruckendsten Begegnungen meines Besuchs arrangiert. Da Kumander Bravo nicht zu dem Treffen mit den anderen Rebellenführern kommen konnte, ist er nun von seiner Farm beziehungsweise wohl eher seinem Landsitz nach Kauswagan gekommen, um mich zu treffen. Er begann seine Rebellenlaufbahn bereits mit 16 Jahren, und zwar in Afghanistan. Zunächst zur Ausbildung und dann auch im aktiven Kampf gegen die seinerzeit russischen Besatzer. Heute ist er ein maßgebliches Mitglied von Rommels Projekt, denn er ist der oberste Befehlshaber respektive General der MILF in der Provinz Lanao del Norte, was von strategisch höchster Bedeutung ist. Seine Division umfasst beeindruckende 55.000 „Rebellen"! Auch mit ihm habe ich einen spannenden und offenen Austausch, an dessen Ende er mich beim nächsten Besuch zu sich auf die Farm einlädt und sich auch bereit erklärt, als Protagonist im geplanten Film mitzumachen.

Austausch mit den Barangay Captains

Nachmittags habe ich noch ein letztes Meeting im großen Kreis. Rommel hat alle Barangay „Captains" eingeladen, das heißt, es sind aus fast allen Dörfern die Ortsbürgermeister*innen da. Auch hier bemerkenswert, dass diese wichtige Funktion für den sozialen Zusammenhalt in Kauswagan auch etliche Frauen innehaben. Neben den Kumanders sind diese Captains (das hat in dem Fall nichts mit militärischem Rang oder der Schifffahrt zu tun) ein wichtiger Bestandteil des „From Arms to Farms"-Projektes. Die Captains werden nicht von der Administration bestimmt, sondern in den Dörfern gewählt. Die wohl wichtigste Funktion der Captains ist, das friedliche Zusammenleben der Christen und Muslime in den Barangays zu gewährleisten. Das heißt, sie sind ein wesentlicher Teil der Erfolgsstory von Kauswagan.

Am Abend fahre ich noch mit dem Chef der Landwirtschaftsbehörde, Adelino, zu einem weiteren sozialen Hotspot von Kauswagan. Neben der imposanten Uferpromenade hat Rommel nämlich in einer kleinen Mangrovenbucht am Meer auch eine „Fishermen's Wharf" gebaut.

Kauswagan sucht den Superstar und der Höhepunkt des Festivals

Hier herrscht reges Treiben und dies nicht nur, weil es Samstagabend ist, sondern auch, weil im Rahmen des Festivals ein großer Gesangswettbewerb stattfindet, bei dem zehn Sänger und Sängerinnen am

Start sind. Auch bei diesem Anlass werde ich spontan gebeten, eine kleine Rede zu schwingen, wo ich unter anderem meine, dass ich froh bin, nicht in der Jury zu sein und den Superstar wählen zu müssen, denn eine Stimme ist schöner als die andere.

Am leider letzten Tag gibt es tatsächlich sonntägliches Programm und damit doch noch kleine Momente von klassischem Urlaubsvergnügen. Zeitig morgens fahren wir mit einem Fischerboot mit breiten Auslegern vom Hotel aus an ein Korallenriff, das recht nah an der Bucht liegt. Auch dieses Riff ist, wie fast die ganze Küstenlinie von Kauswagan, Naturschutzgebiet. Wir sind mit Schnorcheln und Flossen ausgestattet, um uns das Naturspektakel unter Wasser anzuschauen. Das Korallenriff ist glücklicherweise noch weitgehend in Takt, wenngleich man hier durchaus auch schon sehen kann, dass die Korallen unter klimakatastrophenbedingtem Warmwasserstress leiden und ausbleichen. Schön sind die bunten Fische und die Vielfalt der Seesterne. Bei der Rückfahrt zum Hotel fährt der Kapitän entlang der sehr beeindruckenden Mangrovenwälder an der Küste. In den kleinen Buchten der Dörfer ist man im Endspurt, die Boote beziehungsweise riesige, schwimmende Bühnen zu zimmern und zu gestalten, die beim Festivalabschluss in einer großen Parade auf dem Meer den Höhepunkt des Festivals bilden. Hierzu kommen zehntausende Besucher in die Stadt. Man darf sich das Ganze von der Farbenfreude der Aufbauten und Dekorationen ein wenig wie den Karneval in Rio vorstellen. Im Zentrum der schwimmenden Bühnen sind Tanzflächen, auf denen sich die jeweiligen Tanzgruppen der Dörfer im Wettbewerb messen, wobei sowohl die Tanzkunst als auch die Gestaltung der Seebühne bewertet wird. Leider ist es mir nicht möglich, meinen Aufenthalt bis Mittwoch zu verlängern, aber ich nehme mein festes Versprechen ernst, nicht nur im nächsten Jahr wiederzukommen, sondern dann auch sicherzustellen, dass ich diesen glanzvollen Höhepunkt des Festivals nicht verpasse.

Am Nachmittag kann ich noch eine recht spektakuläre Flugshow beobachten. Hierbei geht es um einen Wettbewerb von Modellbauern, die mit zum Teil verwegenen Eigenbauten die wildesten Loopings und Pirouetten in der Luft vorführen. Auch hier gibt es wieder eine große Menge von Preisen für alle möglichen Kategorien, sodass fast jeder mit ein paar Pokalen oder zumindest Plaketten beglückt wird.

Abschied von Kauswagan

An meinem letzten Tag nutze ich den Abend, um durch Kauswagan zu spazieren. Am Sonntagabend ist auf den Straßen und an den qualmenden und lecker duftenden Street Food-Küchen richtig was los. Bass erstaunt bin ich, als aus einem Taxi-Tricycle sage und schreibe eine neunköpfige Familie aussteigt, denn eigentlich hat ein Tricycle nur für zwei Erwachsene und ein Kind Platz. Der Markt von Kauswagan ist zum Glück auch sonntags bis in die Nacht hinein geöffnet, sodass ich meinen kleinen Stadtbummel mit dessen Besuch krönen kann. Gleich im Eingangsbereich bieten die Frauen der Fischer (etwa 150 davon gibt es in Kauswagan) ihre frischen Fische und Meeresfrüchte an. Das Angebot an Obst und Gemüse ist sehr verlockend und ich erstehe für meine Liebste eine große Papaya und ein paar leckere, gelbe Mangos.

Am Montag heißt es schließlich, schweren Herzens das Obst quetschsicher einzupacken und die acht neuen T-Shirts und geschenkten Hemden unterzubringen. Zum Verabschieden besuche ich Rommel und seine Frau Sonia in ihrem Haus, das direkt neben dem Rathaus liegt. Im Wohnzimmer gibt es neben einer beeindruckend gut bestückten Bar auch einen großen, runden Tisch, an dem wohl in vielen Meetings wichtige Entscheidungen und Strategien für die so beeindruckende Erfolgsstory „From Arms to Farms" getroffen wurden und werden.

Rommel schenkt mir zum Abschied sein Buch „Building a Bastion of Peace" und obwohl es mir beim Lesen im fahrenden Auto normalerweise kotzübel wird, habe ich gleich auf der zweistündigen Fahrt zum Flughafen das Buch in einem Rutsch gelesen und dabei viel Neues über das äußerst spannende Leben von Rommel erfahren. Sofort reift in mir der Gedanke und Wunsch, dieses Buch in deutscher Sprache herauszugeben...

Der Heimflug ist auch wegen über acht Stunden Stopover-Aufenthalt in Taipeh mit 48 Stunden ein „ohne Schlaf"-Marathon. Das gibt mir reichlich Zeit, mit großer Dankbarkeit das Erlebte zu reflektieren. Eine meiner Schlussfolgerungen ist, dass das, was Rommel, die Kumandantes, die Barangay Captains und die Rathausmitarbeiter*innen mit „From Arms to Farms" geschaffen haben, das Format für einen Friedensnobelpreis hat.

Ein wichtiger Hinweis zum Abschluss: Wer mehr über dieses außergewöhnliche Friedens- und Entwicklungsprojekt wissen will, findet einen zwölfminütigen Kurzfilm, der die Story „From Arms to Farms" mit Beiträgen von Rommel C. Arnado und drei Kumanders präsentiert, unter nachfolgendem Link:

drive.google.com/file/d/14Cot2KTmEh5aNQpwqebWSm0T-
A7LXRTWR/view

WEITERE PROJEKTE DER HOFFNUNG

Ausblick und gute Nachrichten des Herausgebers

Die friedliche Koexistenz von uns Menschen und ein Leben im Einklang mit der Natur sind eine wichtige Voraussetzung für das Überleben der Menschheit auf diesem Planeten. Anstatt über die zunehmenden Krisen zu berichten, bringen wir deshalb im ALTOP Verlag und in unserem Magazin **forum Nachhaltig Wirtschaften** Beispiele für die Lösungen der zahlreichen Herausforderungen, vor denen wir stehen. Mit diesen guten Nachrichten wollen wir Mut machen und unsere Leser dafür begeistern, gemeinsam mit uns und vielen anderen Mitstreitern neue Wege in eine enkelfähige Zukunft zu ebnen. Friedensarbeit ist hier ein ganz wichtiges Element. Deswegen haben wir unter anderem vielfach die „Peace Counts"-Initiative von Michael Gleich begleitet.

Deshalb waren wir auch sofort bereit, unseren Freund, **forum**-Kurator und Autor Bernward Geier bei vorliegendem Buchprojekt über das Wunder von Kauswagan zu unterstützen.

Und es gibt weitere Projekte der Hoffnung, über die wir gemeinsam mit unseren Partnern im **forum**-Magazin und hoffentlich auch in weiteren Buchprojekten berichten werden.

Konfliktlösung durch ein landwirtschaftliches Projekt in Afrika

Hierzu hat Bernward Geier bereits ein weiteres Projekt entdeckt und schreibt: „Ich muss und will fairerweise anerkennen, dass die Lösung gewalttätiger Konflikte durch biologische Landwirtschaft in Kauswagan nicht einmalig ist. Im Kontext der Preisverleihung des One World Award an Janet Maro und Alex Wostry von der NGO Sustainable Agriculture Tanzania (SAT) durfte ich persönlich und vor Ort ein weiteres, spannendes Beispiel der Konfliktlösung in Afrika erleben. Denn für mich das Beste der vielen hervorragenden Projekte von SAT ist die Befriedung eines blutigen Interessenkonfliktes.

Immer wieder kam es zu gewalttätigen und vielfach tödlich endenden Auseinandersetzungen zwischen dem Nomadenvolk der Massai und sesshaften Bauern, und dies namentlich in der Trockenzeit, wenn Wasser und Futter für die großen Herden der Massai knapp sind. Janet und Alex hatten eine brillante Idee. Sie brachten ein Projekt in Gange, in dem sie die ursprünglich tödlich verfeindeten Hirten respektive Bauern zu Geschäftspartnern machten. Dabei spielte die biologische Landwirtschaft eine zentrale Rolle.

Die beiden hatten erkannt, dass die Massai etwas anbieten konnten, was den sesshaften Bauern und Bäuerinnen fehlte – nämlich organischer Dünger. Die Massai treiben über Nacht ihre großen Herden in mit dichten Dornenbüschen geschützte Krale. Dort sammeln sich sehr viele Tierexkremente an, die in der heißen Sonne umgehend trocknen. Sie müssen deswegen auch nicht kompostiert werden, sondern stehen als getrockneter oder sogar pulverisierter Dünger zur Verfügung. Die sesshaften Bauern hingegen haben keine nennenswerte Tierhaltung und brauchen für ihren Pflanzenbau Nährstoffe.

Kuhdung als wertvolles Gut für Ackerbauern

In dieser Konstellation musste SAT „nur" das vorwiegend logistische Problem lösen, wie der organische Dünger der Viehhirten zu den Bauern kommt. Das hat SAT mit Arbeitern und LKWs organisiert. Nun bekommen die Bauern einen wertvollen Dünger, dank dem sie ihre Erträge signifikant steigern können. Dies wiederum erlaubt ihnen, einen beachtlichen Teil des Landes für den Anbau von Gräsern für die Heuproduktion für die Massai zur Verfügung zu stellen. Die Futterfelder sind besonders ertragreich, weil SAT eine optimale Mischung von Gräsern und Futterpflanzen erforscht und das entsprechende Saatgut zur Verfügung stellt. Ohne dass Geld fließt, werden Massai und Farmer durch Tauschhandel zu Geschäftspartnern mit der „Währung" organischer Dünger gegen Heu. Die Zusammenhänge noch nicht kennend, war ich total erstaunt, als ich bei meinem Besuch in einem Massaidorf nicht nur von einer Frau als Sippenchefin begrüßt wurde, was in der extrem patriarchalischen Kultur der Massai bis dato nicht vorstellbar war, sondern ich entdeckte in dem Dorf tatsächlich Heustadel mit Futter für die Trockenzeit. Für die Massai ist das auch ein erstaunlicher Kulturwandel, denn das Vorsorgeprinzip ist hier eher unbekannt.

Ein Hauptziel von SAT ist es, mit Menschen Perspektiven für deren bäuerliche Existenz zu entwickeln. In diesem Sinne hat SAT vor ein paar

Jahren sogar die erste Bio-Molkerei in Afrika gestartet. An diese können die Massai nun ihre qualitativ einmalig gute Milch verkaufen. Die Milch kommt übrigens in den ganz frühen Morgenstunden und bevor die Sonne aufgeht mit einer gut organisierten Staffel von Motorradtaxis in 20 Liter-Milchkannen in die Molkerei. Auch dieses wunderbare Beispiel zeigt, welch friedensstiftendes Potenzial die ökologische Landwirtschaft hat."
Weitere Info unter:
www.one-world-award.de/janet-maro-and-alexander-wostry.html

Senden auch Sie uns Ihre Projekte der Hoffnung, denn obiges Beispiel und viele weitere Lösungen für nachhaltiges, verantwortungsbewusstes und zukunftsfähiges Wirtschaften präsentieren wir laufend im Magazin **forum Nachhaltig Wirtschaften** und auf
www.forum-csr.net

Michael Gleich ist Kurator, Moderator und Initiator von Friedensprojekten. Unter anderem Peace Counts, eine systematische Berichterstattung darüber, wie man in Konfliktregionen wirksam an der Rückkehr zum Frieden arbeitet.
www.peace-counts.de

Der Global Peacebuilders Summit versammelt alljährlich einige der besten „local peacebuilders" aus aller Welt in Deutschland. Als Gelegenheit, sich an einem sicheren Ort zu regenerieren, wirksame Methoden weiterzugeben und Kontakte zur deutschen Politik und Zivilgesellschaft zu knüpfen.
global-peacebuilders.org

Bitte unterstützen Sie die Arbeit von Rommel Arnado und der „From Arms to Farms"-Stiftung indem Sie dieses Buch weiterempfehlen oder verschenken. Bestellungen mit Angabe der Versandadresse am besten per mail an: f.lietsch@forum-csr.net

DANKSAGUNG

Bernward Geier und der
Verleger Fritz Lietsch bedanken sich ...

... nicht weil es Brauch, sondern weil es eine Herzensangelegenheit ist, bei den Menschen, ohne die es dieses Buch nicht geben würde. Der erste und größte Dank gilt da natürlich Rommel Arnado für sein englisches Buch „Building a Bastion of Peace" und die Copyright Erlaubnis, dies auf Deutsch herauszugeben. Eingebunden in diesen Dank ist das Team der Herausgeber der Originalausgabe und hier namentlich Harold E. Clavite, der uns auch bei der Herausgabe dieses Buches unterstützt hat.

Dass dieses Buch überhaupt und vor allem rechtzeitig zum Beginn der Vortragstour von Rommel Arnado den interessierten LeserInnen zur Verfügung steht, war eine Herausforderung, die fast einer Quadratur des Kreises gleich kam. Natürlich gibt es das nicht, aber ein Oktagon haben wir schon hinbekommen, denn dieses Werk ist, so wie Sie es in Händen halten, in nur unglaublichen acht Wochen entstanden. Dieses kleine publizistische Wunder zu vollbringen, wäre zum Scheitern verurteilt gewesen, wenn wir nicht die Unterstützung von einem tollen Team gehabt hätten. Hier gilt der erste Dank der Übersetzerin Laura Spies, die in Rekordzeit eine gelungene Übersetzung schaffte. Lektoratsunterstützung kam von Vera Schilffarth, für das gelungene Layout gilt unser Dank der kreativen Dagmar Rogge und die Produktion stemmte Edda Langenmayr.

Schlussendlich geht unser Dank an all die LeserInnen für ihr Interesse an dem Buch* und für ihr weiteres Engagement, Teil der Bewegung zu sein (oder zu werden), die „bedingungslosen" Frieden fordert und schafft. Kurzum:

Frieden schaffen – packen wir es an!

Bernward Geier, Co-Autor
Fritz Lietsch, Verleger

*Durch den Kauf des Buches haben Sie einen finanziellen Beitrag für den Fund der „From Arms to Farms" Stiftung ermöglicht.

ÜBER DIE AUTOREN

Rommel C. Arnado
ist Bürgermeister der Gemeinde Kauswagan in der Provinz Lanao del Norte im Norden Mindanaos auf den Philippinen. Er ist der Visionär und die treibende Kraft hinter der Sustainable Integrated Kauswagan Area Development and Peace Agenda, SIKAD PA (dt.: Nachhaltige Integrierte Entwicklungs- und Friedensagenda für Kauswagan), die 2011 mit ihren Bemühungen um Friedenskonsolidierung und nachhaltige Entwicklung begann und die vom Krieg zerrissene Stadt Kauswagan in eine fortschrittliche, lebensmittelautarke Gemeinde verwandelte, die international als Modellgemeinde für ökologische Landwirtschaft anerkannt ist. Diese Stadt mit rund 24.000 Einwohnern macht auf dem Lande von sich reden, da sich die Lebensqualität der Einwohner durch die erzielten Fortschritte deutlich verbessert hat.

Arnado ist Gründer und Vorsitzender der „From Arms to Farms"-Foundation (dt.: Stiftung „Von Waffen zu Bauernhöfen"), einer gemeinnützigen Organisation, die sich für nachhaltige Entwicklung, Friedensförderung und Armutsbekämpfung einsetzt. Er ist eine Führungskraft mit solider Erfahrung in der Leitung von Unternehmen auf höchster Ebene und in der Integration strategischer Ziele. Er verfügt über langjährige Erfahrung in der Finanzverwaltung und Unternehmensführung. In den letzten zwölf Jahren war er ein tüchtiger Beamter, der den wirtschaftlichen Fortschritt vorantrieb. Als erfolgreicher Friedensvermittler hat er beispiellose Anstrengungen unternommen, um die Kluft zwischen der Regierung und den Anführern der Separatistengruppen in diesem Teil der südlichen Philippinen zu überbrücken.

Als Ortsvorsteher erzielte Arnado Erfolge bei der gesellschaftlichen Transformation, indem er starke zwischenmenschliche und kommunale Beziehungen über verschiedene Kulturen hinweg aufbaute. Seit seiner ersten Wahl zum Bürgermeister im Jahr 2010 zeigte Arnado eine starke Motivation und Engagement bei der Planung und Durchführung von Gemeindeprogrammen, Projekten und Aktivitäten, die den Menschen direkt zugutekamen. Er war ein wichtiger Akteur bei der Wiederherstellung des Friedens in der Region, indem er gegen die Ursachen des Konflikts, einschließlich Hunger und Armut, anging und die regierungsfeindlichen Kämpfer davon überzeugte, sich vollständig in die zivilen Gemeinschaften zu integrieren, wodurch der bewaffnete Konflikt beendet wurde.

Mit der Vision der SIKAD PA nutzte Arnado nachhaltige Ansätze zur Friedensförderung und Gemeindeentwicklung, die dazu beitrugen, die Moral zu stärken und die Menschen in Kauswagan zu ermutigen, insbesondere diejenigen aus konfliktbetroffenen und armen Gemeinden.

Als fleißiger strategischer Planer und Gestalter hochinnovativer Programme priorisiert Arnado friedliche, gut entwickelte und ökologisch ausgewogene, agrarindustrielle Geschäftsmöglichkeiten. Er zeichnet sich durch den Aufbau dynamischer Prozesse aus, die eine nachhaltige Entwicklung sowie wirtschaftlichen und sozialen Fortschritt ermöglichen.

Bernward Geier

wurde in der Mittsommernacht 1953 an der Bergstraße in eine große Familie (mit 5 Schwestern) geboren Er machte erst mit 21 Jahren Abitur, weil wegen Bestellung von Mao Bibeln quasi vom katholischen Gymnasium (ja mit dem vollen Programm von körperlicher Züchtigung und Sadismus) flog und 2 mal sitzen blieb. Statt Militärdienst leistete er dann mit der Aktion Sühnezeichen/Friedensdienste ab 1974 für 18 Monate einen Sozialdienst in Washington D. C.. Dort arbeitete er in der Community for Creative Non-Violence (CCNV), die in der Hauptstadt der USA die Speerspitze des Widerstandes radikaler Christen gegen den Vietnamkrieg war.

Bei dem anschließenden einjährigen Studium der Archäologie und Anthropologie an der nationalen Universität (UNAM) in Mexiko hat er sich unter anderem intensiv mit den Gewaltaspekten der grauenhaften Menschenopfer der indigenen Bevölkerung und vor allem auch mit der unglaublichen und millionenfach tödlichen Gewalt der Kolonialisten beschäftigt.

Danach begann er zunächst eine landwirtschaftliche Lehre auf einem höchst chemie-intensiven Hof bei Worms, wo er nach 3 Monaten „Fahnenflucht" begann, um als Praktikant auf eine bio-dynamischen Hof seine Praxiserfahrungen auszubauen. Es folgte das Studium der Landwirtschaft. Dabei erkannte er schon früh, dass die konventionelle Landwirtschaft mit Kunstdünger und chemischer Keule im Prinzip der Natur den Krieg erklärt hat. Die enge Verbindung von Agrarpestiziden & Krieg zeigte ihm der Einsatz von Agent Orange zur Entlaubung des Dschungels in Vietnam. Geprägt wurde der Autor auch vom Widerstand gegen diesen „Kolonial"- Krieg.

Konsequenterweise führte sein Weg zur biologischen Landwirtschaft. An der Uni Kassel/Witzenhausen war er der erste Diplomand des ersten Lehrstuhls für biologische Landwirtschaft weltweit. Nach fünf Jahren Forschung (Schwerpunkt: Nicht-chemische Beikrautregulierung) und Dozent wurde er 1986 Direktor des Weltdachverbands für biologischen Landbau IFOAM – Organics International. Dieser Aufgabe und Herausforderung hat er sich 18 Jahre gewidmet. Er lebt und engagiert sich seit fast 4o Jahren auf Biohöfen und ist seit 2005 als Freiberufler Direktor von COLABORA – Let's work together. Seit dieser Zeit kann er auch seine Passion für das Dokumentar-Filmemachen in mehreren Projekten ausleben. Am bekanntesten & erfolgreichsten ist der Film „The Farmer & his Prince" mit Bertram Verhaag, der Bauer David Wilson und König Charles III porträtierte und neun internationale Preise gewann.

Die Wurzeln seiner journalistischen Tätigkeiten gehen als Redakteur der Schülerzeitung bis zurück in diese Zeit. Er ist Bestseller Buchautor und Autor bzw. Herausgeber von einem Dutzend Büchern und publiziert auch viel international. Seit ca 20 Jahren ist er auch als Dokumentarfilmemacher aktiv. Als er vor ein paar Jahren von der Arbeit Rommel Arnados erfuhr, war er sofort fasziniert von dieser eigentlich unglaublichen Erfolgsstory. Besser konnten die zwei Herzen in seiner Brust, nämlich die Ökobewegung allem voran mit biologischem Landbau und die Friedensbewegung nicht zusammenkommen. Inzwischen widmet er einen wesentlichen Teil seiner Energie und Arbeit (von wegen RUHEstand) der Unterstützung von Mayor Rommel und seiner Stiftung, wobei er besonders sein weltweites Netzwerk und seine Erfahrung in der Kommunikation einbringt.